Srabani Sanyal

Gestão de Resíduos Sólidos: Dimensões e soluções alternativas

Srabani Sanyal

Gestão de Resíduos Sólidos: Dimensões e soluções alternativas

ScienciaScripts

Imprint
Any brand names and product names mentioned in this book are subject to trademark, brand or patent protection and are trademarks or registered trademarks of their respective holders. The use of brand names, product names, common names, trade names, product descriptions etc. even without a particular marking in this work is in no way to be construed to mean that such names may be regarded as unrestricted in respect of trademark and brand protection legislation and could thus be used by anyone.

Cover image: www.ingimage.com

This book is a translation from the original published under ISBN 978-3-659-32943-2.

Publisher:
Sciencia Scripts
is a trademark of
Dodo Books Indian Ocean Ltd. and OmniScriptum S.R.L publishing group

120 High Road, East Finchley, London, N2 9ED, United Kingdom
Str. Armeneasca 28/1, office 1, Chisinau MD-2012, Republic of Moldova, Europe
Printed at: see last page
ISBN: 978-620-3-81509-2

Este livro é dedicado ao meu querido pai Shri. Arunava Sanyal a quem devo tudo o que adquiri

ÍNDICE DE CONTEÚDOS:

Prefácio

Nas cidades de rápida urbanização do mundo em desenvolvimento, os problemas e as questões da eliminação dos resíduos sólidos são de importância imediata. É verdade que o crescimento exponencial da população urbana ultrapassa as capacidades das autoridades competentes para prestar serviços básicos de recolha de resíduos. Muitas vezes, os resíduos não são recolhidos e são despejados indiscriminadamente nas ruas e nos esgotos. Normalmente, um a dois terços dos resíduos sólidos produzidos não são recolhidos. A falta de coordenação na recolha e no transporte de resíduos cria condições anti-higiénicas e é necessário alterar o sistema de gestão dos resíduos sólidos (SWM). As limitações financeiras e institucionais são também algumas das principais razões para a eliminação inadequada dos resíduos, especialmente quando os governos locais são fracos e acompanhados por um crescimento alarmante da população. As ineficiências operacionais dos serviços de resíduos sólidos prestados pelos municípios devem-se frequentemente a procedimentos organizacionais ineficazes, a uma capacidade de gestão inadequada das instituições envolvidas, bem como à utilização de tecnologias inapropriadas. A falta de espaço e o curto período de vida dos locais de eliminação, juntamente com outros problemas ambientais, exigem uma tecnologia adequada para a eliminação com base nas caraterísticas físicas e químicas dos resíduos produzidos. Outras razões para a eliminação inadequada são as diretrizes inadequadas para a localização, conceção e funcionamento de novos aterros e a incorporação de recomendações para a modernização.

A situação é bastante diferente nos países industrializados, onde a recuperação de recursos é realizada pelo sector formal. Uma legislação, uma política e uma estratégia de gestão claras constituem um pré-requisito importante para o êxito da gestão dos resíduos sólidos urbanos. A tecnologia adaptada deve estar de acordo com os aspectos económicos, sociais e institucionais dos países em desenvolvimento, em vez de se adaptar. As empresas privadas, as microempresas ou as pequenas empresas (MPE) ou as organizações de base comunitária (OBC) e as ONG podem participar na gestão dos resíduos sólidos. Por conseguinte, três componentes fundamentais para uma gestão bem sucedida dos resíduos sólidos são a concorrência, a transparência e a responsabilidade.

O presente livro trata deste tema e tenta desenvolver um quadro teórico e uma metodologia para resolver o problema em causa. Foi também feita uma tentativa de discutir aspectos importantes dos resíduos sólidos, da sua eliminação e gestão nos países em desenvolvimento. O estudo está organizado em seis capítulos. O Capítulo I trata de questões relacionadas com a gestão dos resíduos sólidos e o desenvolvimento sustentável. O Capítulo II centra-se nas estratégias e na avaliação dos resíduos sólidos. O Capítulo III destaca os problemas de saúde relacionados com um sistema inadequado de gestão de resíduos sólidos. O Capítulo IV trata do planeamento da gestão integrada dos resíduos sólidos a nível estatal, nacional e local. O Capítulo V abrange questões e agendas importantes relacionadas com a prevenção estratégica dos resíduos sólidos e o Capítulo VI analisa as leis e a legislação actuais relacionadas com a gestão dos resíduos sólidos.

Srabani Sanyal

Agradecimentos

Este livro é o resultado dos esforços dedicados dos últimos anos de trabalho de investigação neste domínio. O autor agradece ao Dr. V.K.Kumra, Professor do Departamento de Geografia da Universidade Hindu de Banaras, cuja inspiração e orientação me ajudaram a estruturar o trabalho.

Apresento também os meus sinceros cumprimentos e o meu amor ao meu pai, Shri. Arunava Sanyal, à minha mãe, Sra. Tripti Sanyal, e à minha irmã, Sra. Piyali Sanyal, que sempre me apoiaram.

Estarei a faltar aos meus deveres se não agradecer ao meu marido, Sr. Siddhartha Biswas, e à minha filha, Sra. Gargi Biswas, pelo seu apoio e encorajamento.

Srabani Sanyal

Introdução

Desde o início que o homem tem sido uma componente dinâmica do ambiente. Com a aquisição de conhecimentos, o homem está a tornar-se o mestre da natureza e a tentar exercer controlo sobre o ecossistema. A expansão da população e a industrialização afectaram conjuntamente o ambiente a níveis inesperados. A rápida degradação do ambiente está a causar grande preocupação a quase todas as nações do mundo. A gravidade do problema forçou a atenção global para a tendência avassaladora desta calamidade. O homem apercebeu-se agora dos efeitos nocivos da ciência e da tecnologia utilizadas como instrumento de mecanização e automatização da vida humana à custa da natureza e da degradação do equilíbrio ambiental do sistema. A deterioração ambiental é o subproduto de uma *"civilização socialmente atrasada"*. As cidades moldam as civilizações e são, por sua vez, moldadas por elas. É impossível vê-las separadamente. A deterioração ambiental é causada por uma afluência não direcional e por uma industrialização e urbanização descontroladas. As próprias tendências e padrões de urbanização acentuaram ainda mais os problemas urbanos nas cidades e resultaram numa rápida deterioração do ambiente, com efeitos colaterais no resto dos aglomerados urbanos rurais. A maioria das pessoas que vivem abaixo do limiar de pobreza foi seriamente afetada pela deterioração do ambiente físico, químico, humano e económico. Esta situação tem-se refletido de duas formas: no contexto social, há mais pessoas mal alojadas, subnutridas e desfavorecidas do que nunca, enquanto, por outro lado, se tem verificado uma degradação contínua do ambiente. É bem verdade que, atualmente, a gestão dos resíduos sólidos constitui um grande desafio nas zonas urbanas de todo o mundo. Sem um sistema de gestão de resíduos sólidos eficaz e eficiente, os resíduos gerados por várias actividades humanas, tanto industriais como domésticas, podem resultar em riscos para a saúde e ter um impacto negativo no ambiente. A compreensão dos resíduos produzidos, da disponibilidade de recursos e das condições ambientais de uma determinada sociedade são importantes para o desenvolvimento de um sistema adequado de gestão de resíduos. O problema da eliminação de quantidades cada vez maiores de substâncias sólidas tornou-se uma dor de cabeça não só para os países industrializados e desenvolvidos, mas também para a maioria dos países em desenvolvimento. Cerca de 1 por cento do PNB e 20 a 40 por cento das receitas dos países em desenvolvimento são gastos na gestão dos resíduos sólidos. A gestão de resíduos sólidos dá emprego a até 6 trabalhadores por cada 1000 habitantes, o que representa 2% da força de trabalho nacional. A má qualidade do serviço prestado na maioria das zonas urbanas, em termos da quantidade de resíduos sólidos recolhidos e da proteção ambiental proporcionada, torna difícil justificar os actuais níveis de despesa neste sector. Os problemas normalmente encontrados nos sistemas de resíduos sólidos nos países de baixo e médio rendimento são a incapacidade de compreender e ter em conta as grandes diferenças de desafios e recursos de um local para outro. Uma série de razões financeiras, institucionais, técnicas e sociais são responsáveis pelo baixo nível de cobertura e pelo mau serviço que é comum em muitos centros urbanos dos países em desenvolvimento. Na Ásia, a produção de resíduos sólidos atingiu 1 milhão de toneladas por dia. De acordo com o Banco Mundial, as zonas urbanas da Ásia gastam 25 milhões de dólares por ano na gestão de resíduos sólidos e esse valor aumentará para 47 milhões de dólares por ano. Apesar das enormes despesas, estes países continuam a debater-se com o desafio de evitar a degradação ambiental devida a uma gestão não sistemática dos resíduos sólidos.

As práticas de gestão dos resíduos sólidos nos países em desenvolvimento como a Índia estão longe de ser satisfatórias. O rápido crescimento urbano, acompanhado pelo aumento da densidade populacional, o congestionamento do tráfego, a poluição do ar e da água, o aumento da produção per capita de resíduos sólidos e a falta de terrenos para a eliminação de resíduos, apontam para um rápido agravamento deste grave problema da gestão dos resíduos sólidos.

Num sentido mais lato, a gestão dos resíduos sólidos é muito complexa. Embora a Índia tenha formulado legislação relativa aos resíduos sólidos urbanos, aos resíduos perigosos e aos resíduos biomédicos, o cumprimento e a sensibilização para as regras por parte das comunidades e dos municípios estão atrasados. Os colectores de lixo e os apanhadores de trapos recolhem a parte reciclável dos resíduos, representando estes materiais reciclados 10% do total dos resíduos produzidos, mas o governo não tem feito esforços para incentivar a indústria da reciclagem. As empresas municipais e os municípios recolhem geralmente os resíduos sólidos através de vários meios de transporte, como carrinhos de mão, carroças puxadas por animais, riquexós, etc., e a varredura das ruas é efectuada manualmente. Os resíduos sólidos são despejados em zonas baixas pelas autarquias das cidades mais pequenas sem se preocuparem com o ambiente, ao passo que as cidades metropolitanas seguem parcialmente um quadro regulamentar. As cidades com mais de um milhão de

habitantes estão a cumprir alguns dos regulamentos e práticas de produtividade ecológica em várias actividades de gestão de resíduos sólidos, nomeadamente a segregação de resíduos sólidos, a compostagem a nível comunitário, o transporte de resíduos sólidos em veículos fechados e a sua eliminação em aterros controlados com básculas e instalações de gestão de lixiviados. A produção média de resíduos sólidos urbanos na Índia é de aproximadamente 100 000 toneladas por dia. Desse total, apenas 60% (60 000 MT/dia) são recolhidos pelas empresas municipais. O resto é eliminado de forma não científica. Os resíduos sólidos urbanos típicos têm a seguinte composição: matéria inerte (54%), matéria vegetal (31%), papel, cartão e plásticos (6%), vidro e loiça (0,94%), sucata metálica (0,8%), bioresistente, por exemplo, couro e borracha (0,28%) e outros (7%).
Por conseguinte, é tarefa primordial dos administradores públicos e dos investigadores prestar uma atenção séria aos problemas ambientais em expansão que surgem devido à produção cada vez maior de resíduos sólidos na cidade. Os resíduos sólidos, se não forem tratados corretamente, causam problemas de poluição do solo, do ar e da água. Esteticamente, tanto o solo como as águas subterrâneas são poluídos pelas lixeiras a céu aberto. No entanto, o estudo da poluição na Índia surgiu na vanguarda do estudo da conservação dos recursos naturais, da perturbação do delicado equilíbrio da natureza e do ambiente e do avanço dos riscos das zonas perigosas.
A utilização contínua de veículos para além da sua vida económica reduz a eficiência global do sistema e o desempenho financeiro. Cerca de 60% dos organismos municipais das cidades indianas recolhem menos de 40% dos resíduos sólidos produzidos diariamente. Pelo menos 28% dos resíduos urbanos são deixados a decompor-se e a apodrecer na berma da estrada. Quase não existem instalações sanitárias dignas desse nome para 52% da população urbana da Índia. O sistema de esgotos cobre apenas 35% da população das cidades de classe IV e 75% da população das cidades de classe I da Índia. Cerca de 34% da população urbana não dispõe de qualquer sistema de drenagem das águas pluviais. Não é raro que 60% da frota de veículos, ou mesmo mais, esteja inutilizável em qualquer altura. As doenças que afectam as cidades da Índia não são apenas feridas localizadas que podem ser limpas, desinfectadas e curadas: têm raízes profundas. No fundo, o problema é a maldição da civilização. Na ausência de um serviço regular de recolha de resíduos sólidos, o lixo é depositado em espaços abertos, nas estradas de acesso e ao longo dos cursos de água. As lixeiras são invadidas por catadores de lixo e animais que espalham os resíduos e estes servem de criadouros para vectores de doenças, principalmente moscas e ratos. O lixiviado do lixo em decomposição infiltra-se no solo e nas fontes de água próximas, e a contaminação resultante dos alimentos, da água e do solo pode ter graves consequências ambientais.
A solução para muitos dos problemas da gestão de resíduos sólidos é a seleção e operação cuidadosas de equipamento de recolha de resíduos sólidos que seja eficiente e, ao mesmo tempo, responda às condições físicas e socioeconómicas dos bairros em que o serviço é prestado. A melhoria da recolha de resíduos sólidos deve basear-se num sistema que possa funcionar de forma sustentável dentro dos recursos financeiros disponíveis. O desenvolvimento e a utilização de equipamento relevante, eficiente e autóctone requerem o mínimo de despesas por cada tonelada recolhida. Uma produtividade elevada exige a otimização dos requisitos de mão de obra e de equipamento e a minimização do tempo de ida e volta e do tempo de paragem dos veículos. O novo milénio introduziu o enfoque global no desenvolvimento sustentável, especialmente na área dos resíduos sólidos. A gestão dos resíduos sólidos é da responsabilidade dos municípios, nos termos dos respectivos diplomas legais. Pode ser definida como a disciplina associada à geração, armazenamento, recolha, transferência e transporte, processamento e eliminação de resíduos sólidos de uma forma que esteja de acordo com os melhores princípios de saúde, economia, engenharia, conservação, estética e outras considerações ambientais, e que também responda às atitudes públicas. No seu âmbito, a gestão dos resíduos sólidos inclui todas as funções administrativas, financeiras, jurídicas, de planeamento e de engenharia envolvidas na resolução de todos os problemas relacionados com os resíduos sólidos.

CAPÍTULO 1

Avaliação ambiental dos resíduos para o desenvolvimento sustentável

A poluição ambiental não é, de certo modo, um fenómeno recente. Tornou-se um problema universal devido à exploração ilimitada dos recursos naturais, em consequência da revolução urbano-industrial-tecnológica. Nas sociedades nómadas primitivas, o problema da eliminação dos resíduos era menor. Foi a transição da sociedade paleolítica, baseada na caça e na coleta, para a sociedade neolítica, baseada na agricultura, que anunciou a necessidade de eliminação de resíduos. Mais tarde, a revolução industrial e o desenvolvimento da agricultura deram origem a problemas como a eliminação de resíduos e a poluição. Mais tarde, percebeu-se que os acontecimentos catastróficos, como os terramotos e as inundações, também geram resíduos, que passaram a ser considerados resíduos sólidos que têm de ser removidos. Após a eclosão dos piores problemas de saúde pública, especialmente na Europa, a remoção de resíduos tornou-se uma das principais prioridades (Tchnobaglous, 1993). De acordo com a Teoria da Hierarquia das Necessidades de Maslow, "todos os *seres humanos lutam pelas necessidades básicas de alimentação, vestuário e abrigo. Enquanto houver crescimento económico e populacional, a produção tentará satisfazer as necessidades de consumo da raça humana em expansão"*. As actividades humanas geram resíduos e é a forma como estes resíduos são tratados, armazenados, recolhidos e eliminados que pode representar riscos para o ambiente e para a saúde pública. Nas zonas urbanas, especialmente nas cidades do mundo em desenvolvimento, os problemas e as questões da gestão dos resíduos sólidos urbanos (RSU) são de importância imediata. O declínio da qualidade ambiental urbana ocorreu apesar dos esforços consideráveis no planeamento urbano durante as últimas três décadas. A gestão inadequada e ineficaz dos resíduos sólidos e o rápido crescimento demográfico ultrapassam a capacidade da maioria das autoridades municipais para fornecerem até os serviços mais básicos. Embora os países em desenvolvimento produzam menos resíduos per capita, a recolha, o armazenamento, o transporte, o tratamento e a eliminação dos resíduos são altamente ineficazes e, consequentemente, prejudicam o ambiente. A emissão de gases com efeito de estufa e de poluentes atmosféricos, a poluição das águas subterrâneas, os riscos profissionais, etc., são outras preocupações. As práticas de gestão dos resíduos sólidos nos países em desenvolvimento, como a Índia, estão longe de ser satisfatórias devido à falta de conhecimentos técnicos, a condicionalismos financeiros e a disposições legais. Num sentido mais lato, a gestão dos resíduos sólidos é uma tarefa complexa e carece de sensibilização para as regras e regulamentos.

O novo milénio introduziu uma ênfase global no desenvolvimento sustentável, especialmente na área dos resíduos sólidos. O conceito de desenvolvimento sustentável foi conotado pela *"Comissão Brundtland"*, que implica limites, não limites absolutos, mas limitações impostas pelo estado atual da tecnologia e da organização social sobre os recursos ambientais e pela capacidade da biosfera para absorver os efeitos das actividades humanas. A comissão considera que a pobreza generalizada já não é inevitável. "Um *mundo em que a pobreza é endémica será sempre propenso a calamidades ecológicas e outras... No fim de contas, o desenvolvimento sustentável não é um estado fixo de harmonia, mas antes um processo de mudança em que a exploração dos recursos, a direção dos investimentos, a orientação do desenvolvimento tecnológico e a mudança institucional se tornam consistentes com as necessidades futuras e presentes"* (WCED 1987). Nos países em vias de desenvolvimento, o crescimento associado a uma rápida urbanização conduziu a um aumento do fosso entre ricos e pobres, entre as pessoas que vivem em zonas urbanas e rurais, onde são obrigadas a utilizar os recursos disponíveis no seu local de origem.

A Cimeira Mundial de Joanesburgo sobre o Desenvolvimento Sustentável, realizada em 2002, também declarou que o desenvolvimento sustentável deve continuar a fazer parte de qualquer iniciativa de desenvolvimento. Além disso, o conceito de desenvolvimento sustentável foi reforçado e alargado para incorporar aspectos de redução da pobreza, produção e consumo e utilização eficiente dos recursos. O desenvolvimento sustentável inclui actividades e acções sociais, económicas e ambientais realizadas na parte do ambiente que é criada ou modificada pelos seres humanos ou na antroposfera (Manahan 2000).

PRINCÍPIOS DE UMA GESTÃO SUSTENTÁVEL E INTEGRADA DOS RESÍDUOS SÓLIDOS
Uma forma mais sistemática de pensar e analisar a gestão de resíduos é fornecida por uma abordagem

denominada Gestão Sustentável e Integrada de Resíduos Sólidos (Cointreau 2001). A Gestão Sustentável e Integrada de Resíduos Sólidos coloca numa matriz focal, os aspectos urgentes de planeamento, incluindo os aspectos ambientais, socioculturais, institucionais, políticos e legais, bem como o importante papel das partes interessadas (catadores de lixo, o sector informal de reciclagem, empresas de pequena escala, mulheres chefes de família) e os outros elementos do sistema de gestão de resíduos, tais como a prevenção, reutilização e reciclagem, recolha, varredura de rua e eliminação.

A gestão sustentável e integrada dos resíduos sólidos urbanos é parte integrante da boa governação local porque é um dos serviços urbanos mais visíveis. Com base no princípio da equidade, a gestão integrada de resíduos sólidos fornece um nível mínimo de serviço aceitável a todos os residentes e estabelecimentos urbanos. Além disso, procura formas de permitir que as comunidades sejam responsáveis e que os indivíduos actuem de modo a criar uma cooperação pública com o serviço. Proporciona aos trabalhadores condições de trabalho uniformes e seguras e define percursos de recolha claros e tarefas e resultados de desempenho verificáveis. Além disso, estabelece um sistema de informação de gestão que permite uma contabilidade eficaz em termos de custos e um acompanhamento global do desempenho relacionado com os custos. Este facto é importante porque há vários países em desenvolvimento onde os custos da gestão dos resíduos sólidos urbanos são elevados e o nível de serviço é baixo. No entanto, se as razões subjacentes forem analisadas, é possível verificar que, em muitos casos, os sistemas de gestão de resíduos seriam rentáveis se as deficiências identificadas nos sistemas fossem corrigidas. A gestão sustentável dos resíduos sólidos urbanos assegura a recuperação dos custos das taxas diretas, dos impostos indirectos e das receitas provenientes da reciclagem e da recuperação de recursos. Minimiza a utilização de recursos e o impacte ambiental. Também fornece incentivos para a minimização de resíduos, reciclagem e recuperação de recursos na fonte. Optimiza a segregação de materiais recicláveis na fonte de produção de resíduos e incentiva os materiais recicláveis. Monitoriza as emissões e as alterações ambientais relacionadas com as actividades de armazenamento, manuseamento e eliminação de resíduos. A gestão sustentável e integrada dos resíduos sólidos urbanos abrange a participação do público e permite um envolvimento contínuo na receção e prestação de serviços. Sensibiliza o público para as questões ambientais, as questões de saúde e segurança no trabalho, as oportunidades de minimização de resíduos e os valores da reciclagem e da recuperação de recursos. Ajuda a criar capacidade institucional para permitir uma boa governação municipal do sector dos resíduos sólidos e um financiamento e recuperação de custos auto-sustentáveis (Banco Mundial 2008).

Para assegurar uma prestação de serviços económica, a gestão sustentável e integrada dos resíduos sólidos tem em conta os seguintes aspectos

> Serviços descentralizados ou agrupados, conforme necessário, para otimizar essas economias;
> Análise e planeamento exaustivos dos custos para uma racionalização contínua das rotas, do número de tripulantes e das tecnologias e
> Seleção de sistemas e equipamentos de acordo com as condições locais e manutenção preventiva de veículos e instalações.

Agenda 21 local

A Agenda 21 é um plano de ação global, nacional e local das organizações das Nações Unidas. A Agenda 21, a Declaração do Rio sobre ambiente e desenvolvimento e os princípios para a gestão sustentável das florestas foram adoptados por mais de 178 países na Conferência das Nações Unidas sobre o Desenvolvimento Ambiental (CNUAD), realizada no Rio de Janeiro, Brasil, em 1992. A Comissão para o Desenvolvimento Sustentável (CDS) foi criada em dezembro de 1992 para assegurar o acompanhamento efetivo da CNUAD, monitorizar e apresentar relatórios sobre a aplicação dos acordos a nível local, nacional, regional e internacional. Foi acordado que, em 1997, a Assembleia Geral das Nações Unidas, reunida em sessão extraordinária, procederia a uma revisão quinquenal dos progressos da Cimeira da Terra. A plena implementação da Agenda 21, o Programa para uma maior implementação da Agenda 21 e os compromissos com os princípios do Rio foram fortemente reafirmados na Cimeira Mundial sobre Desenvolvimento Sustentável (WSSD), realizada em Joanesburgo, África do Sul, em 2002. Os resíduos são uma questão subjacente em todos os capítulos da Agenda 21 - quer como causa de uma série de problemas ambientais quer como resultado/produto das actividades humanas. Os capítulos 20, 21 e 22 tratam especificamente de questões relacionadas com os resíduos. Segue-se uma panorâmica da Agenda 21.

Preâmbulo

➢ A humanidade encontra-se num momento decisivo da história. Somos confrontados com a perpetuação das disparidades entre as nações e no interior das mesmas, com o agravamento da pobreza, da fome, das doenças e da iliteracia e com a contínua deterioração dos ecossistemas de que dependemos para o nosso bem-estar. No entanto, a integração das preocupações ambientais e de desenvolvimento e uma maior atenção às mesmas conduzirão à satisfação das necessidades básicas, à melhoria dos padrões de vida de todos, a ecossistemas mais bem protegidos e geridos e a um futuro mais seguro e próspero.

➢ Esta parceria global deve basear-se nas premissas da Resolução 44/228 da Assembleia Geral, de 22 de dezembro de 1989, adoptada quando as nações do mundo apelaram à Conferência das Nações Unidas sobre o Ambiente e o Desenvolvimento, e na aceitação da necessidade de adotar uma abordagem equilibrada e integrada das questões relativas ao ambiente e ao desenvolvimento.

➢ A Agenda 21 aborda os problemas prementes da atualidade e visa também preparar o mundo para os desafios do próximo século. Reflecte um consenso global e um compromisso político ao mais alto nível sobre a cooperação para o desenvolvimento e o ambiente. O êxito da sua aplicação é, antes de mais, da responsabilidade dos governos. As estratégias, os planos, as políticas e os processos nacionais são cruciais para alcançar este objectivo. A cooperação internacional deve apoiar e complementar esses esforços nacionais. Neste contexto, o sistema das Nações Unidas tem um papel fundamental a desempenhar. Outras organizações internacionais, regionais e sub-regionais são também chamadas a contribuir para este esforço. Deve também ser incentivada a mais ampla participação do público e o envolvimento ativo das organizações não governamentais e de outros grupos.

➢ Os objectivos de desenvolvimento e ambientais da Agenda 21 exigirão um fluxo substancial de recursos financeiros novos e adicionais para os países em desenvolvimento, a fim de cobrir os custos adicionais das acções que estes têm de empreender para enfrentar os problemas ambientais globais e acelerar o desenvolvimento sustentável. São igualmente necessários recursos financeiros para reforçar a capacidade das instituições internacionais para a aplicação da Agenda 21. Inclui-se uma avaliação indicativa da ordem de grandeza dos custos em cada um dos domínios do programa. Esta avaliação terá de ser examinada e aperfeiçoada pelas agências e organizações responsáveis pela execução.

➢ Na implementação das áreas programáticas relevantes identificadas na Agenda 21, deve ser dada especial atenção às circunstâncias particulares que as economias em transição enfrentam. Deve também reconhecer-se que estes países estão a enfrentar desafios sem precedentes na transformação das suas economias, nalguns casos no meio de uma tensão social e política considerável.

➢ As áreas programáticas que constituem a Agenda 21 são descritas em termos de base de ação, objectivos, actividades e meios de implementação. A Agenda 21 é um programa dinâmico. Será executado pelos vários intervenientes de acordo com as diferentes situações, capacidades e prioridades dos países e regiões, no pleno respeito de todos os princípios contidos na Declaração do Rio sobre Ambiente e Desenvolvimento. Poderá evoluir ao longo do tempo em função da evolução das necessidades e das circunstâncias. Este processo marca o início de uma nova parceria mundial para o desenvolvimento sustentável.

Capítulo 20: Gestão ambientalmente correta dos resíduos perigosos, incluindo a prevenção do tráfego internacional ilegal de resíduos perigosos

A saúde humana e a qualidade do ambiente estão a sofrer uma degradação contínua devido ao aumento da quantidade de resíduos perigosos produzidos. Há custos diretos e indirectos crescentes para a sociedade e para os cidadãos individuais relacionados com a produção, o manuseamento e a eliminação desses resíduos. Por conseguinte, é crucial aumentar o conhecimento e a informação sobre a economia da prevenção e gestão dos resíduos perigosos, incluindo o impacto em termos de emprego e de benefícios ambientais, a fim de assegurar que o investimento de capital necessário seja disponibilizado em programas de desenvolvimento através de incentivos económicos. Uma das primeiras prioridades na gestão dos resíduos perigosos é a minimização, como parte de uma abordagem mais alargada para alterar os processos industriais e os padrões de consumo através da prevenção da poluição e de estratégias de produção mais limpas.

O controlo eficaz da produção, armazenamento, tratamento, reciclagem e reutilização, transporte, recuperação e eliminação de resíduos perigosos é de importância primordial para a saúde adequada, a proteção do ambiente e a gestão dos recursos naturais, bem como para o desenvolvimento sustentável. A prevenção da produção de resíduos perigosos e a reabilitação de sítios contaminados são os elementos-chave, e ambos exigem conhecimentos, pessoas experientes, instalações, recursos financeiros e capacidades técnicas e científicas. É motivo de preocupação internacional o facto de o movimento de resíduos perigosos ser efectuado em violação da legislação nacional e dos instrumentos internacionais em vigor, em detrimento do ambiente e da saúde pública de todos os países, especialmente dos países em desenvolvimento.

O objetivo geral é prevenir, na medida do possível, e minimizar a produção de resíduos perigosos, bem como gerir esses resíduos de forma a não causarem danos à saúde e ao ambiente. O Capítulo 20 também se centra na prevenção ou minimização da produção de resíduos perigosos como parte de uma abordagem global integrada de produção mais limpa, eliminando ou reduzindo os movimentos transfronteiriços mínimos de resíduos perigosos e assegurando que as opções ambientalmente corretas de gestão de resíduos perigosos sejam seguidas, tanto quanto possível, no país de origem (princípio da autossuficiência). Os movimentos transfronteiriços que se realizam devem ter por base razões ambientais e económicas e assentar em acordos entre os Estados em causa. Os principais objectivos do capítulo 20 são os seguintes:

➢ Ratificação da Convenção de Basileia sobre o controlo dos movimentos transfronteiriços de resíduos perigosos e sua eliminação e do protocolo sobre responsabilidade e compensação, mecanismos e orientações para facilitar a aplicação da Convenção de Basileia.

➢ Ratificação e aplicação integral da Convenção de Bamako sobre a proibição de importação para África e o controlo dos movimentos transfronteiriços de resíduos perigosos em África e elaboração de um protocolo sobre responsabilidade e compensação.

➢ Eliminação da exportação de resíduos perigosos para países que, individualmente ou através de acordos internacionais, proíbem a importação desses resíduos, tais como as partes contratantes da Convenção de Bamako, da quarta Convenção de Lomé ou de outras convenções relevantes, quando essa proibição estiver prevista.

Capítulo 21: Gestão ambientalmente correta dos resíduos sólidos e questões relacionadas com os esgotos

O Capítulo 21 foi incorporado na Agenda 21 em resposta à Resolução 44/228 da Assembleia Geral, Secção I, parágrafo 3, na qual a Assembleia afirmava que a Conferência deveria elaborar estratégias e medidas para travar e inverter os efeitos da degradação ambiental no contexto de um aumento dos esforços nacionais e internacionais para promover um desenvolvimento sustentável e ecológico em todos os países. E, na secção I, parágrafo 12 (g), da mesma resolução, na qual a Assembleia afirmava que a gestão ambientalmente correta dos resíduos era uma das questões ambientais de maior preocupação para manter a qualidade do ambiente da Terra e, especialmente, para alcançar um desenvolvimento ambientalmente correto e sustentável em todos os países.

Os resíduos sólidos, tal como definidos no presente capítulo, incluem todos os resíduos domésticos e resíduos não perigosos, como os resíduos comerciais e institucionais, a varredura de ruas e os detritos de construção. Em alguns países, o sistema de gestão de resíduos sólidos também trata os resíduos humanos, como o solo noturno, as cinzas dos incineradores, as lamas das fossas sépticas e as lamas das estações de tratamento de águas residuais. Se estes resíduos manifestarem caraterísticas perigosas, devem ser tratados como resíduos perigosos. Uma gestão de resíduos ambientalmente correta deve ir além da mera eliminação segura ou da recuperação dos resíduos produzidos e procurar abordar a causa principal do problema, tentando alterar padrões insustentáveis de produção e consumo. Tal implica a aplicação do conceito de gestão integrada do ciclo de vida, que apresenta uma oportunidade única para conciliar o desenvolvimento com a sustentabilidade. Os quatro principais objectivos do Capítulo 21, baseados em métodos relacionados com os resíduos, são a minimização dos resíduos, a maximização da reutilização e reciclagem ambientalmente corretas dos resíduos, a promoção da eliminação e tratamento ambientalmente corretos dos resíduos e o alargamento da cobertura dos serviços de resíduos.

➢ *Minimizar os resíduos:* Os padrões insustentáveis de produção e consumo estão a aumentar as quantidades e a variedade de resíduos ambientalmente persistentes a um ritmo sem precedentes. É necessário estabilizar ou reduzir a produção de resíduos através da formulação de objectivos baseados no peso, volume e composição dos resíduos e induzir a separação para facilitar a reciclagem e reutilização dos resíduos. Para efeitos de formulação de políticas operacionais de minimização de resíduos, é necessário reforçar os procedimentos de avaliação das alterações na quantidade e composição dos resíduos.

> *Maximizar a reutilização e a reciclagem de resíduos de forma ambientalmente correta:* O esgotamento dos locais de eliminação, os controlos ambientais rigorosos que regem a eliminação de resíduos, particularmente nos países industrializados, contribuíram para um rápido aumento do custo da eliminação de resíduos. A gestão de resíduos deve ter em consideração abordagens eficientes em termos de recursos para controlar os resíduos, aumentando os sistemas de reutilização e reciclagem de resíduos, criando um modelo de sistemas internos de reutilização e reciclagem de resíduos e disponibilizando informações, técnicas e instrumentos políticos adequados para incentivar e tornar operacionais os sistemas de reutilização e reciclagem de resíduos.

> *Promover a eliminação e o tratamento ambientalmente corretos dos resíduos:* Mesmo depois de os resíduos serem minimizados e tratados, alguns resíduos atingem e descarregam resíduos. Nos países em desenvolvimento, menos de 10% dos resíduos urbanos recebem algum tratamento e apenas uma pequena parte do tratamento está em conformidade com qualquer norma de qualidade aceitável.

> *Alargar a cobertura dos serviços de resíduos:* Até ao final do século, mais de 2 mil milhões de pessoas não terão acesso a saneamento básico e estima-se que metade da população urbana dos países em desenvolvimento não disporá de serviços adequados de eliminação de resíduos sólidos. Cerca de 5,2 milhões de pessoas, incluindo 4 milhões de crianças com menos de 5 anos de idade, morrem todos os anos de doenças relacionadas com os resíduos. Os impactos na saúde são particularmente graves para as populações urbanas pobres. No entanto, os impactos sanitários e ambientais de uma gestão inadequada dos resíduos ultrapassam os próprios aglomerados urbanos não servidos e resultam na contaminação e poluição da água, do solo e do ar numa área mais vasta. De acordo com as capacidades e os recursos disponíveis, os principais objectivos são fornecer a todas as pessoas serviços de recolha e eliminação de resíduos que protejam a saúde e sejam ambientalmente seguros, aumentar a capacidade técnica, financeira e de recursos humanos para fornecer serviços de recolha de resíduos até 2000 e fornecer a toda a população urbana serviços de resíduos adequados até 2025, bem como garantir a cobertura total dos serviços de resíduos urbanos e manter a cobertura de saneamento nas zonas rurais.

Capítulo 22: Promover uma gestão segura e ambientalmente correta dos resíduos radioactivos

Os resíduos radioactivos são gerados no ciclo do combustível nuclear, bem como em aplicações nucleares (a utilização de radionuclídeos na medicina, na investigação e na indústria). O risco radiológico e de segurança dos resíduos radioactivos varia de muito baixo, no caso dos resíduos de vida curta e de baixo nível, a muito elevado, no caso dos resíduos de alto nível. Anualmente, são gerados em todo o mundo cerca de 200 000 m³ (metros cúbicos) de resíduos de fraco e médio nível radioativo e 10 000 m³ de resíduos de alto nível radioativo (bem como combustível nuclear irradiado destinado a eliminação final) provenientes da produção de energia nuclear. Estes volumes estão a aumentar à medida que mais unidades de energia nuclear entram em funcionamento, que as instalações nucleares são desactivadas e que a utilização de radionuclídeos aumenta. Os resíduos de alto nível contêm cerca de 99% dos radionuclídeos e representam assim o maior risco radiológico. Os volumes de resíduos de aplicações nucleares são geralmente muito menores, tipicamente algumas dezenas de metros cúbicos ou menos por ano. No entanto, a concentração de atividade, especialmente em fontes de radiação seladas, pode ser elevada, justificando medidas de proteção radiológica muito rigorosas. Os principais objectivos são garantir que os resíduos radioactivos sejam geridos, transportados, armazenados e eliminados de forma segura. O objetivo é proteger a saúde humana e o ambiente num quadro mais vasto de gestão integrada dos resíduos radioactivos.

RESÍDUOS E ALTERAÇÕES CLIMÁTICAS

As emissões de GEE (gases com efeito de estufa) provenientes dos RSU surgiram como uma grande preocupação, uma vez que se estima que os resíduos pós-consumo sejam responsáveis por quase 5% (1.460 toneladas de CO2e) do total das emissões globais de GEE. Os resíduos sólidos também incluem emissões significativas de GEE incorporadas associadas ao papel antes de este se transformar em RSU. O incentivo à minimização de resíduos através de programas de RSU pode, portanto, ter benefícios significativos de minimização de GEE a montante. O metano dos aterros sanitários representa 12% do total das emissões globais de metano (EPA 2006 b). Os aterros são responsáveis por quase metade das emissões de metano atribuídas ao sector dos resíduos urbanos em 2010 (IPCC 2007).

Greenhouse Gas Emission from Waste			
Country	Emission from Waste Disposal (MtCO$_2$c)	Greenhouse Gas Emission (CO$_2$, CH$_4$, N$_2$O)(MtCO$_2$c)	Emission of Methane (%)
Brazil	16	659	2.40
China	45	3,650	1.20
India	14	1,210	1.10
Mexico	31	383	8.10
South Africa	16	380	4.30

Fonte: IPCC 2007

O nível de metano dos aterros varia de país para país, dependendo da composição dos resíduos, das condições climáticas (temperatura ambiente, precipitação) e das práticas de eliminação de resíduos.

Greenhouse Gas (GHG) Mitigation and Waste Management	
Waste Disposal Option	Technology
Waste Reduction	Design of longer-lasting and reusable products; reduced consumption
Waste Collection	Use of alternative, non-fossil fuels (bio-fuel, natural gas)
Recycling/Materials Recovery	Materials recovery facility (MRF) to process source separated materials or mixed waste
Composting/Anaerobic Digestion	Compost the organic material after digestion to produce a useful soil conditioner and avoid landfill disposal. Finished compost applied to soils is also an important method to reduce GHG
Incineration/Waste-to-energy/Refuse-Derived Fuel(RDF)	Use the combustible fraction of waste as a fuel either in a dedicated combustion facility (incineration) with or without energy recovery or as RDF in a solid fuel boiler
Landfill	Capture the methane generated in disposal sites and flare or use as a renewable energy resource

Fonte: ISWA 2009

A biomassa orgânica decompõe-se anaerobicamente num aterro sanitário. O gás de aterro, um subproduto da decomposição anaeróbia, é composto por metano (normalmente 50%) e o restante por dióxido de carbono e outros gases. O metano, que tem um potencial de aquecimento global 21 vezes superior ao do dióxido de carbono, é o segundo gás com efeito de estufa mais comum a seguir ao dióxido de carbono. As emissões de gases com efeito de estufa provenientes da gestão de resíduos podem ser facilmente reduzidas. Na União Europeia, a taxa de emissões de gases com efeito de estufa provenientes dos resíduos diminuiu de 69 milhões de toneladas de CO$_2$ e por ano para 32 milhões de toneladas de CO$_2$ e por ano entre 1990 e 2007 (ISWA 2009). À escala global, o sector da gestão de resíduos dá um contributo relativamente menor para as emissões de gases com efeito de estufa. No entanto, o sector dos resíduos está numa posição única para deixar de ser uma fonte menor de emissões globais e passar a ser um grande poupador de emissões. Embora sejam libertados níveis menores de emissões através do tratamento e eliminação de resíduos, a prevenção e valorização de resíduos (ou seja, como materiais secundários ou energia) evita emissões em todos os outros sectores da economia. Uma abordagem holística da gestão de resíduos tem consequências positivas para as emissões de GEE dos sectores da energia, silvicultura, agricultura, minas, transportes e indústria transformadora (PNUA 2010).

CAPÍTULO 2

Avaliação dos resíduos sólidos

Desde o início da civilização, os resíduos sólidos eram eliminados de forma conveniente e sem obstáculos. Com o advento da industrialização e da urbanização, o problema da eliminação de resíduos tornou-se grave. A elevada densidade populacional e a utilização intensiva do solo para actividades residenciais, comerciais e industriais resultaram numa maior produção de resíduos que causaram a contaminação do ambiente. Com o aumento da população nas cidades e vilas, a eliminação de resíduos sólidos tornou-se uma questão de preocupação para as autoridades civis no que respeita à sua recolha, eliminação e gestão atempadas. Os perigos para a saúde humana decorrentes de factores ambientais como a eliminação inadequada dos resíduos sólidos são multifacetados, sendo as doenças transmitidas pelo ambiente, por si só, responsáveis por sofrimentos indescritíveis em grande escala infligidos à humanidade. Trata-se de um problema premente nos dias de hoje, não só na Índia mas em todo o mundo.

RESÍDUOS SÓLIDOS

Os resíduos sólidos podem ser definidos como qualquer matéria sólida que é descartada por já não ter utilidade económica. São constituídos por matéria orgânica e inorgânica numa grande variedade de formas (Pfafflin, 1976). Os resíduos sólidos também podem ser definidos como materiais indesejados ou descartados na forma sólida resultantes das práticas normais das comunidades e incluem lixo, entulho, varredura de rua, cinzas e outros resíduos industriais (Kumra, 1982). O termo "resíduo" implica que não interessa a ninguém e não tem valor (Bhide, 1983). Considera-se que os "resíduos" são constituídos por resíduos orgânicos sólidos em estado de decomposição ou não decomposição, excluindo os resíduos corporais, por exemplo, lixo, entulho, cinzas, lavagens de rua, animais mortos, resíduos sólidos e resíduos industriais (Duggal, 1985). Outra definição de resíduos sólidos é a de que, se não puderem ser transportados em fluxo livre numa corrente de ar ou numa corrente de líquido, os resíduos são resíduos sólidos, apesar do seu elevado teor de humidade. O seu proprietário recusa-se a utilizá-lo: é um resíduo; (Emil, 1973). Os resíduos são um subproduto das actividades humanas. A definição de resíduo varia de fonte para fonte, mas certamente refere-se à falta de uso ou valor, ou "restos inúteis" (Oxford s.f.). A falta de valor em muitos casos pode estar relacionada com a composição mista e frequentemente desconhecida dos resíduos (McDougall, 2000).

Os Resíduos Sólidos Urbanos (RSU), vulgarmente conhecidos como lixo, refugo ou entulho, são um tipo de resíduo constituído por objectos do quotidiano que são deitados fora pelo público. Incluem predominantemente resíduos alimentares, resíduos de mercado, resíduos de quintal, recipientes de plástico e materiais de embalagem de produtos e outros resíduos sólidos diversos provenientes de fontes residenciais, comerciais, institucionais e industriais. A maioria das definições de resíduos sólidos urbanos não inclui resíduos industriais, resíduos agrícolas, resíduos médicos, resíduos radioactivos ou lamas de depuração. O termo "resíduos sólidos urbanos" varia de região para região; alguns incluem os resíduos perigosos das habitações, os resíduos volumosos, a varredura de ruas e o lixo, os resíduos de parques e jardins, de instituições, estabelecimentos comerciais e escritórios (Hester e Harrison 2002). Os Resíduos Sólidos Urbanos (RSU) são um conjunto de produtos não perigosos e não nobres (produtos produzidos para o mercado) para os quais o produtor não tem mais interesse em utilizar para os mesmos fins de produção, transformação ou consumo e pretende eliminar. A fonte de produção de resíduos varia de país para país e inclui resíduos domésticos, resíduos volumosos, resíduos do comércio, edifícios de escritórios, instituições e pequenas empresas, quintal e jardim, varredura de ruas, conteúdo de contentores de lixo e limpeza de mercados (PNUA 2014). Os resíduos provenientes das redes de esgotos municipais e do tratamento, bem como da construção e demolição municipais, não são considerados. A composição dos resíduos sólidos urbanos muda também de país para país, especialmente nas economias desenvolvidas em comparação com as economias em desenvolvimento, onde a fração orgânica continua a ser o maior fluxo produzido. O conjunto de materiais encontrados nos resíduos urbanos varia entre alimentos, resíduos de quintais, papel, cartão, sacos e contentores, garrafas de plástico, borracha, couro, têxteis, madeira, metais, vidro, cerâmica, ossos e aparelhos eléctricos (EPA 2013).

Continuam também a surgir novos tipos de resíduos, como os resíduos dos serviços de saúde, os resíduos de equipamentos electrónicos fora de uso, incluindo computadores (resíduos electrónicos), os resíduos de veículos em fim de vida (VFV), os resíduos da agricultura urbana e enormes quantidades de actividades de construção e demolição, o que implica lidar também com novos materiais complexos.

Resíduos: Composição e classificação

Os resíduos podem ser classificados de várias formas, mas uma classificação típica é a seguinte:

> ***Resíduos biodegradáveis:*** resíduos alimentares e de cozinha, resíduos verdes, papel (também pode ser reciclado).

> ***Resíduos recicláveis:*** papel, vidro, garrafas, latas, metais, certos plásticos, tecidos, roupas, pilhas, etc.

> ***Resíduos inertes:*** resíduos de construção e demolição, terra, pedras, detritos.

> ***Resíduos eléctricos e electrónicos (e-waste):*** os e-waste incluem aparelhos eléctricos, televisores, computadores, ecrãs, etc.

> ***Resíduos compostos: resíduos*** de vestuário, embalagens Tetra Pack, resíduos de plásticos como brinquedos.

> ***Resíduos perigosos:*** incluindo a maioria das tintas, produtos químicos, lâmpadas, tubos fluorescentes, latas de spray, fertilizantes e contentores.

> ***Resíduos tóxicos:*** incluindo pesticidas, herbicidas e fungicidas.

> ***Resíduos de estações de tratamento:*** Os resíduos sólidos e semi-sólidos das instalações de tratamento de água, de águas residuais e de resíduos industriais estão incluídos nesta categoria.

> ***Resíduos agrícolas:*** plantação e colheita de plantas, produção de animais para abate.

> ***Resíduos industriais: desde*** os inertes inorgânicos, como os produzidos nas minas-colónias, até aos orgânicos, dos que produzem produtos de consumo básicos, podendo mesmo incluir resíduos perigosos, como os da indústria nuclear.

A American Public Works Association (1966) também elaborou uma classificação dos resíduos sólidos, da sua composição e das fontes de produção.

Solid Waste: Composition and Sources		
Solid waste/ refuse	**Composition**	**Source**
Garbage	Wastes from the preparation. cooking and serving of food. Market refuse, waste from handing, storage. sale of produce and meat	Domestic, market
Rubbish		
Combustible (Primary organic)	Papers. cardboard. plastic. rags. leather. rubber, grass and leaves	Household. institutions and commercial concerns such as hotels. stores, restaurants. markets. etc.
Non-combustible (Primary in-organic)	Metals tin. cans, stones. bricks. ceramics. glass and bottles	
Ashes	Residue from fire used for cooking and for heating buildings. cinders	Domestic, industries
Bulky wastes	Large auto parts. tires and other large appliances, furniture's and trees	
Street refuse	Street sweeping. dirt. and contents of litter receptacles	Street side, alleys vacant lots etc.
Dead animals	Small and large animals	
Abandoned vehicles	Automobiles, trucks	
Construction and demolition wastes	Lumber. roofing and sheltering scraps, rubble. broken concrete etc.	Constructional. scrap
Industrial waste	Solid waste resulting from industrial processes and manufacturing operation such as food processing waste boiler house cinders etc.	Factories. Power plants
Special wastes	Hazardous waste. pathological waste. explosive and radioactive materials	Household hospital. institution. stores industries etc.
Animal and Agricultural Wastes	Manure and crop residue	Farm - feed lots
Sewage Treatment Residue	Coarse screening. septic tank sludge. dewatered sludge	Sewage-treatment plants. septic tanks

Fonte: Associação Americana de Obras Públicas, 1966

A quantidade de resíduos produzidos pela comunidade é geralmente calculada numa base média e é expressa em kg/capita/dia. O quantum de resíduos sólidos pode ser medido em termos de massa ou de volume. As suas densidades variam geralmente numa vasta gama - tipicamente 0,05 a 1,0 g/cm^3 e as medições de massa (ou peso) são consideradas mais úteis.

CAIXA 1
Classificação dos resíduos sólidos

Lixo: Resíduos putrescíveis (decomponíveis) ou biodegradáveis provenientes de alimentos, matadouros, indústrias de transporte e congelação, etc.

Lixo: Resíduos não putrescíveis ou resíduos domésticos, combustíveis ou não combustíveis; os resíduos combustíveis incluem papel, madeira, tecido, borracha, couro e resíduos de jardim. Os resíduos não combustíveis incluem o metal, o vidro, a cerâmica, a pedra, a terra, a alvenaria e alguns produtos químicos.

Cinzas: Resíduos (tais como cinzas) ou inertes gerados após a combustão de combustíveis fósseis ou de madeira para aquecimento e confeção de alimentos ou a incineração de resíduos sólidos em incineradores municipais, industriais e de habitações.

Grandes resíduos: Entulhos de demolição e de construção (tubos, madeira, alvenaria, tijolo, plástico, materiais de cobertura e de isolamento), automóveis e outros electrodomésticos, árvores, pneus, etc.

Animais mortos: Animais de estimação, aves, roedores, animais de jardim zoológico, etc. Sólidos do processo de tratamento de águas residuais: Peneiramentos, sólidos sedimentados, lamas.

Resíduos sólidos industriais: Produtos químicos, tintas, areia, explosivos, etc.

Resíduos mineiros: escombreiras, pilhas de rejeitos em minas de carvão, etc.

Resíduos agrícolas: Estrume de animais de criação, resíduos de culturas, etc.

Resíduos electrónicos: descritos como dispositivos eléctricos ou electrónicos fora de uso. Todos os componentes de sucata eletrónica, como os CRT, podem conter contaminantes como chumbo, cádmio, berílio ou retardadores de chama bromados. O processamento informal de resíduos electrónicos nos países em desenvolvimento pode causar graves problemas de saúde e poluição, embora estes países sejam também os mais propensos a reutilizar e reparar aparelhos electrónicos.

Resíduos biomédicos: ou resíduos especiais são os resíduos anatómicos e patológicos dos hospitais.

Os resíduos sólidos têm uma densidade baixa devido à grande quantidade de ar que contêm e, normalmente, não é difícil compactá-los até atingirem várias vezes a sua densidade original, como acontece nas operações de aterro sanitário ou nos compactadores domésticos. O carácter e a composição dos resíduos dependem de factores como a localização geográfica do local, o clima e as condições sociais e económicas da comunidade. É importante ter em conta que a definição do termo resíduos sólidos e a sua classificação variam muito na literatura.

CAIXA 2
Natureza dos resíduos sólidos industriais selecionados

Industry and Process	Nature of waste
Slaughterhouse	Blood. hooves. infected animals and organs
Packing-house	Bones. inedible meat parts, etc.
Poultry processing	Feathers. hooves, inedible parts
Canning of fruits & vegetable	Peels, cores, seeds. etc.
Canning of fish	Inedible fish parts
Vegetable oil refining	Purification muds soaked in oil
Sugar refineries	Spent beets and cans
Starch and Glucose	Cord residues etc.
Alcohol distilleries	Spent resins. figs, canes etc.
Beer Brewing	Spent hop, grain residues. yeast etc.
Wool scouring	Dirt. wool. fly and sweeps
Wool dyeing and finishing	Dye. chemical containers
Cotton (yarn preparation)	Fibre and yarn
Weaving	Fibre and yarn and cloth
Dyeing and finishing	Pre-treatment screening fibres

chrome tanneries cattle	Process wastes (scrap products) containing Cr. Pb)
vegetable tanning cattle	Process wastes
Pulp mills	Cellulose. lignin. reducing sugar etc.
Sulphur acid	Spent catalyst in contact process
Phosphoric acid (wet process)	Gypsum when removed from the effluents
Ammonia	Oily condensates from feedstock
Sodium hydroxide (mercury, cathode cell process)	Graphite and purification muds
Pesticide production	Containers. bags. 1.5% toxic/material
Latex paints	Paint sludge. waste solvents etc.
Solvent paint	Paint sludge. waste solvent etc.
Synthetic organic pharmaceutical chemicals	Waste solvents Dry solid wastes
Fermentation products (antibiotics)	Solvent wastes concentrate

1. Seleção e classificação de resíduos perigosos

A EPA 2005, dos EUA, desenvolveu um modelo para o rastreio e seleção de compostos perigosos e para a classificação de resíduos perigosos, com base nos seguintes critérios: toxicidade, foto-toxicidade, atividade genética e bioconcentração.

Toxicity of Hazardous Solid Waste	
LD50 value of solid waste	**Scale of toxicity**
<1 mg/kg	Poisons
1-50 mg/kg	Highly toxic
50-100 mg/kg	Very toxic
100-500 mg/kg	Moderately toxic
0.5 to 5 g/kg	Slightly toxic
>5 g/kg	Essentially non toxic

Fonte: Bhide e Sundaresan 1983

Nota: LD50 - Dose letal para matar 50% da população

As substâncias ou materiais podem ser classificados como perigosos ou não, consoante a dose administrada, o modo de exposição e o tempo de exposição. Com base nisso, a EPA estabeleceu a seguinte escala de atividade.

Sistema de Gestão de Resíduos Sólidos Urbanos

Um sistema típico de gestão de resíduos num país de rendimento baixo ou médio inclui os seguintes elementos

> *Produção e armazenamento de resíduos*
> *Segregação, reutilização e reciclagem a nível doméstico*
> *Recolha de resíduos primários e transporte para uma estação de transferência ou um contentor comunitário*
> *Varredura de ruas e limpeza de locais públicos*
> *Gestão da estação de transferência ou do contentor comunitário*
> *Recolha secundária e transporte para o local de eliminação dos resíduos*
> *Eliminação de resíduos em aterros e*
> *Recolha, transporte e tratamento de materiais recicláveis em todos os pontos do percurso dos resíduos sólidos*

O manuseamento físico dos resíduos sólidos e dos materiais recicláveis (armazenamento, recolha, transporte e tratamento) não pode, por si só, satisfazer o requisito de soluções sustentáveis e integradas. Outras actividades, como as que se seguem, são igualmente importantes:

Elaborar políticas, bem como estabelecer e fazer cumprir normas e regulamentos.

> *Avaliação dos dados sobre a produção e a caraterização dos resíduos para efeitos de planeamento e adaptação dos elementos do sistema.*
> *Assegurar que os trabalhadores e os responsáveis pelo planeamento recebam formação e desenvolvam as suas capacidades.*
> *Realização de programas de informação, sensibilização e educação do público.*

Id Identificação e aplicação de mecanismos financeiros, instrumentos económicos e sistemas de recuperação de custos.

I Incorporar elementos formais e informais do sector privado, bem como actividades de base comunitária e organizações não governamentais (ONG).

Produção e composição de resíduos

1. Geração

Os resíduos sólidos estão indissociavelmente ligados à urbanização e ao desenvolvimento económico. À medida que o nível de vida e os rendimentos disponíveis aumentam, o consumo de bens e serviços aumenta, o que resulta num aumento correspondente da quantidade de resíduos produzidos. Atualmente, são produzidas anualmente quase 1,3 mil milhões de toneladas de RSU a nível mundial, prevendo-se que aumentem para aproximadamente 2,2 mil milhões de toneladas por ano até 2025. Isto representa um aumento significativo das taxas de produção de resíduos per capita, de 1,2 para 1,42 kg por pessoa, por dia, nos próximos quinze anos (PNUD, 2012). As taxas de produção de RSU são influenciadas pelo desenvolvimento económico, pelo grau de industrialização, pelos hábitos dos cidadãos e pelo clima local. Em geral, quanto maior o desenvolvimento económico e a taxa de urbanização, maior a quantidade de resíduos sólidos produzidos. Os residentes urbanos produzem cerca de duas vezes mais resíduos do que os seus homólogos rurais.

A produção de resíduos na África Subsariana é de aproximadamente 62 milhões de toneladas por ano. A produção de resíduos per capita é geralmente baixa nesta região, variando entre 0,09 e 3,0 kg por pessoa por dia, com uma média de 0,65 kg/capita/dia.

A produção anual de resíduos na região da Ásia Oriental e do Pacífico é de aproximadamente 270 milhões de toneladas por ano. Esta quantidade é principalmente influenciada pela produção de resíduos na China, que representa 70 por cento do total regional. A produção de resíduos per capita varia entre 0,44 e 4,3 kg por pessoa e por dia na região, com uma média de 0,95 kg/capita/dia (Hoornweg et. al. 2002).

Na Ásia Central e Oriental, os resíduos produzidos por ano são, pelo menos, 93 milhões de toneladas. A produção de resíduos per capita varia entre 0,29 e 2,1 kg por pessoa e por dia, com uma média de 1,1 kg/capita/dia. A quantidade total de resíduos gerados por ano na América Latina e nas Caraíbas é de 160 milhões de toneladas, com valores per capita que variam entre 0,1 e 14 kg/capita/dia, e uma média de 1,1 kg/capita/dia (Avaliação Regional da Gestão de Resíduos Sólidos da OPAS, 2005).

Global Urban Waste Generation						
	Urban Waste Generation 2012			*Urban Waste Generation 2025		
Region	Urban Population (millions)	Per Capita (kg/capita/day)	Total (tons/day)	Urban Population (millions)	Per Capita (kg/capita/day)	Total (tons/day)
AFR	260	0.65	169,119	518	0.85	441,840
EAP	777	0.95	738,958	2,124	1.5	1,865,379
ECA	227	1.1	254,389	239	1.5	354,810
LCR	399	1.1	437,545	466	1.6	728,392
MENA	162	1.1	173,545	257	1.43	369,320
OECD	729	2.2	1,566,286	842	2.1	1,742,417
SAR	426	0.45	192,410	734	0.77	567,545
Total	2,980	1.2	3,532,252	4,285	1.4	6,069,703

Fonte: Banco Mundial, 2012

No Médio Oriente e no Norte de África, a produção de resíduos sólidos é de 63 milhões de toneladas por ano. A produção de resíduos per capita é de 0,16 a 5,7 kg por pessoa e por dia, com uma média de 1,1 kg/capita/dia. Os países da OCDE produzem 572 milhões de toneladas de resíduos sólidos por ano. Os valores per capita variam entre 1,1 e 3,7 kg por pessoa por dia, com uma média de 2,2 kg/capita/dia. No Sul da Ásia, são gerados aproximadamente 70 milhões de toneladas de resíduos por ano, com valores per capita que variam entre 0,12 e 5,1 kg por pessoa por dia e uma média de 0,45 kg/capita/dia. De acordo com o relatório do Banco Mundial de 2012, os países de baixo rendimento continuam a gastar a maior parte dos seus orçamentos de gestão de resíduos sólidos na recolha de resíduos, sendo apenas uma fração destinada à eliminação. Na Índia, com uma densidade populacional de 333 pessoas/km2 e uma taxa de urbanização de 25%, são produzidas anualmente cerca de 36,5 milhões de toneladas de resíduos (Relatório do Banco Mundial de 2012).

2. Composição

A composição dos resíduos é influenciada por muitos factores, como o nível de desenvolvimento económico, as normas culturais, a localização geográfica, as fontes de energia e o clima. Com a urbanização e o aumento da riqueza da população, o consumo de materiais inorgânicos (como plásticos, papel e alumínio) aumenta, enquanto a fração orgânica relativa diminui. A geografia influencia a composição dos resíduos, determinando os materiais de construção (por exemplo, madeira versus aço), o teor de cinzas (muitas vezes provenientes do aquecimento doméstico), a quantidade de varredura das ruas (que pode chegar a 10% do fluxo de resíduos de uma cidade em locais secos) e os resíduos hortícolas. O clima também pode influenciar a produção de resíduos numa cidade, país ou região. A precipitação também é importante na composição dos resíduos, especialmente quando medida em massa, uma vez que os resíduos não acondicionados podem absorver uma quantidade significativa de água da chuva e da neve. A humidade também influencia a composição dos resíduos ao influenciar o teor de humidade. O tipo de fonte de energia num local pode ter um impacto na composição dos RSU produzidos. Isto é especialmente verdade em países ou regiões com baixos rendimentos, onde a energia para cozinhar, aquecer e iluminar pode não provir de sistemas de aquecimento urbano ou da rede eléctrica. Por exemplo, a diferença na composição dos resíduos na China entre uma parte da população que utiliza carvão e outra que utiliza gás natural para aquecimento.

A categoria "outros" é claramente mais elevada, 47%, quando se utiliza carvão e se inclui um resíduo de cinzas, por oposição a 10% quando se utiliza gás natural para aquecimento doméstico (UNEP/GRID-Arendal 2004).

Waste Composition by Income Level, 2012 and 2025												
Income level	Organic		Paper		Plastic		Glass		Metal		Other	
	2012	*2025	2012	2025	2012	2025	2012	2025	2012	2025	2012	2025
Low income	64	62	5	6	8	9	3	3	3	3	17	17
Low middle income	59	55	9	10	12	13	3	4	2	3	15	15
Upper middle income	54	50	14	15	11	12	5	4	3	4	13	15
High income	28	28	31	30	11	11	7	7	6	6	17	18

Fonte: Relatório do Banco Mundial, 2012
Nota:*Estimativa para 2025

Os resíduos podem ser classificados, em termos gerais, em orgânicos e inorgânicos. De um modo geral, os países de baixo e médio rendimento têm uma elevada percentagem de matéria orgânica no fluxo de resíduos urbanos, variando entre 40 e 85% do total. As fracções de papel, plástico, vidro e metal aumentam no fluxo de resíduos dos países de rendimento médio e alto. Os orgânicos representam 64% do fluxo de RSU nos países de baixo rendimento e o papel apenas 5%, enquanto nos países de rendimento alto essa percentagem é de 28% e 31%, respetivamente. A fração orgânica tende a ser mais elevada nos países com baixos rendimentos e mais baixa nos países com rendimentos mais elevados. A quantidade total de resíduos orgânicos tende a aumentar de forma constante à medida que a riqueza aumenta, a um ritmo mais lento do que a fração não orgânica. Os países com baixos rendimentos têm uma fração orgânica de 64%, em comparação com 28% nos países com rendimentos elevados. Os resíduos orgânicos constituem a maioria dos RSU, seguidos do papel, metal, outros resíduos, plástico e vidro.

A composição dos RSU por região mostra que a região da Ásia Oriental e do Pacífico tem a maior fração de resíduos orgânicos (62%) em comparação com os países da OCDE, que têm a menor fração (27%). A quantidade de papel, vidro e metais encontrada no fluxo de RSU é a mais elevada nos países da OCDE (32%, 7% e 6%, respetivamente) e a mais baixa na região do Sul da Ásia (4% para o papel e 1% para o vidro e os metais).

Armazenamento, recolha e transporte

Os sistemas de recolha de RSU das cidades do mundo em desenvolvimento servem geralmente apenas uma parte limitada da população urbana. Os habitantes que ficam sem serviços de recolha de resíduos pertencem normalmente à população com baixos rendimentos. A falta de recursos financeiros e de capacidade de planeamento para fazer face ao aumento do crescimento da população urbana afecta a disponibilidade ou a sustentabilidade de um serviço de recolha de resíduos. As ineficiências operacionais, as tecnologias inadequadas ou a deficiente capacidade de gestão das instituições envolvidas também dão origem a níveis de serviço inadequados. No que respeita ao sistema técnico, é frequentemente aplicada a abordagem de recolha convencional desenvolvida e utilizada nos países industrializados. Os veículos são sofisticados, caros e difíceis de operar e manter e, após um curto período de funcionamento, normalmente apenas uma pequena parte da frota permanece em funcionamento.

1. Coleção

A recolha de resíduos é a recolha de resíduos sólidos desde o ponto de produção (residencial, industrial, comercial e institucional) até ao ponto de tratamento ou eliminação. Os resíduos sólidos urbanos são recolhidos de várias formas, como se segue:

> ***Casa a casa:*** Os colectores de lixo visitam cada casa individual para recolher o lixo. O utilizador paga geralmente uma taxa por este serviço.

> ***Contentores comunitários:*** Os utilizadores trazem o seu lixo para os contentores comunitários que são colocados em pontos fixos de um bairro ou localidade. Os RSU são recolhidos pelo município, ou por quem este designar, de acordo com um horário estabelecido.

> ***Recolha na berma da estrada:*** Os utilizadores deixam o seu lixo diretamente no exterior das suas casas, de acordo com um horário de recolha estabelecido com as autoridades locais (não é típico haver colectores secundários de casa em casa).

> ***Auto-entrega:*** Os produtores entregam os resíduos diretamente nos locais de eliminação ou nas estações de transferência, ou contratam operadores terceiros (ou o município).

> ***Serviço contratado ou delegado:*** As empresas contratam empresas (ou o município com instalações municipais) que estabelecem os horários de recolha e as taxas a cobrar aos clientes. As autarquias licenciam frequentemente os operadores privados e podem designar zonas de recolha para incentivar a eficiência da recolha.

2. ***Contentorização***

Trata-se de um aspeto importante da recolha de resíduos, nomeadamente dos geradores residenciais. Se os resíduos não forem colocados para recolha em contentores fechados, podem ser perturbados por animais nocivos, como cães e ratos, e podem ficar encharcados ou provocar um incêndio. Os RSU podem ser separados ou misturados, consoante a regulamentação local. Os resíduos não separados podem ser separados em fluxos orgânicos e de reciclagem numa instalação de triagem. O grau de separação na fonte afecta a quantidade total de material reciclado e a qualidade dos materiais secundários que podem ser fornecidos. Muitas vezes, especialmente nos países em desenvolvimento, os RSU não são separados ou triados antes de serem levados para eliminação, mas os materiais recicláveis são retirados pelos recolhedores antes da recolha, durante o processo de recolha e nos locais de eliminação. Os materiais recicláveis recuperados de resíduos mistos, por exemplo, tendem a estar contaminados, reduzindo as possibilidades de comercialização. No entanto, a separação na origem e a recolha selectiva podem aumentar os custos do processo de recolha de resíduos. A recolha de resíduos residenciais, por outro lado, tende a ser mais cara por tonelada, uma vez que os resíduos estão mais dispersos.

3. Reciclagem

A reciclagem de materiais inorgânicos dos RSU está frequentemente bem desenvolvida através das actividades do sector informal, embora as autoridades municipais raramente reconheçam essas actividades. Alguns factores-chave que afectam o potencial de valorização de recursos são o custo da separação do material reciclável e do material separado, a sua pureza, a sua quantidade e a sua localização. Os custos de armazenamento e transporte são factores importantes que determinam o potencial económico da recuperação de recursos. A reciclagem está muitas vezes bem estabelecida no sector informal porque é feita de uma forma muito intensiva em termos de mão de obra e proporciona rendimentos muito baixos.

Além disso, os países com rendimentos mais elevados tendem a ter uma eficiência de recolha mais elevada, embora menos do orçamento de gestão de resíduos sólidos seja destinado à recolha. Nos países de baixo rendimento, os serviços de recolha constituem a maior parte do orçamento municipal para a gestão de resíduos sólidos (80% a 90%), mas as taxas de recolha tendem a ser muito mais baixas, o que leva a uma menor frequência e eficiência da recolha. Nos países com rendimentos elevados, embora os custos de recolha possam representar menos de 10% do orçamento de um município, as taxas de recolha são normalmente superiores a

90% em média e os métodos de recolha tendem a ser mecanizados, eficientes e frequentes. As regiões com países de baixo rendimento tendem a ter taxas de recolha baixas. O Sul da Ásia e a África são os países com as taxas mais baixas, com 65% e 46%, respetivamente. Não surpreendentemente, os países da OCDE tendem a ter a maior eficiência de recolha, com 98%.

Eliminação

A maior parte dos RSU nos países em desenvolvimento é depositada em terra de uma forma mais ou menos descontrolada. Essas lixeiras fazem uma utilização muito pouco económica do espaço disponível e produzem frequentemente um fumo desagradável e perigoso devido a incêndios de combustão lenta. Prevê-se que a atual situação de eliminação se deteriore ainda mais, uma vez que, com a rápida urbanização, os aglomerados populacionais e os bairros residenciais circundam as lixeiras existentes e a degradação ambiental associada às lixeiras afecta diretamente a população. A localização dos aterros a maiores distâncias das áreas centrais de recolha implica custos de transferência mais elevados, bem como investimentos adicionais em infra-estruturas rodoviárias, intensificando assim os problemas financeiros das autoridades responsáveis. Outras razões para a eliminação inadequada são principalmente o incumprimento das diretrizes para a localização, conceção e funcionamento de novos aterros, bem como a falta de recomendações sobre formas de melhorar as lixeiras a céu aberto existentes. A alternativa segura é um aterro sanitário, onde os resíduos sólidos são depositados num local cuidadosamente selecionado, construído e mantido utilizando técnicas de engenharia que minimizam a poluição do ar, da água e do solo e outros riscos para as pessoas e animais. Tão importante como a localização do local e a construção é a existência de pessoal bem formado e a disponibilização de recursos financeiros e físicos suficientes para permitir um nível razoável de funcionamento.

MSW Disposal by Income (million tonnes)				
Type of Disposal	Low income countries	Low middle income countries	Upper middle income countries	High income countries
Dumps	0.47	27	44	0.05
Landfills	2.2	6.1	80	250
Compost	0.05	1.2	1.3	66
Recycled	0.02	2.9	1.9	129
Incineration	0.05	0.12	0.18	122
Other	0.97	18	8.4	21

Fonte: Relatório do Banco Mundial, 2012

Resíduos sólidos urbanos na Índia

Geração

O relatório anual do Ministério das Energias Novas e Renováveis (MNRE) de 2009-10 estimou que são produzidas anualmente cerca de 55 milhões de toneladas de RSU nas zonas urbanas da Índia. Prevê-se que a quantidade de resíduos produzidos na Índia aumente a uma taxa per capita de aproximadamente 1-1,33% ao ano. Haverá um aumento na produção de resíduos de menos de 40 000 toneladas métricas por ano para mais de 125 000 toneladas métricas até ao ano 2030.

Generation of Municipal Solid Waste in India, 2010				
Sl.No.	State/Union Territory	Liquid Wastes (MW)	Solid Wastes (MW)	Total (MW)
1.	Andhra Pradesh	2.0	6.0	8.0
2.	Assam	16.0	107.0	123.0
3.	Bihar	6.0	67.0	73.0
4.	Chandigarh	1.0	5.0	6.0
5.	Chhattisgarh	2.0	22.0	24.0
6.	Delhi	20.0	111.0	131.0
7.	Gujarat	14.0	98.0	112.0
8.	Haryana	6.0	18.0	24.0
9.	Himachal Pradesh	0.5	1.0	1.5
10.	Jharkhand	2.0	8.0	10.0
11.	Karnataka	26.0	125.0	151.0
12.	Kerala	4.0	32.0	36.0
13.	Madhya Pradesh	10.0	68.0	78.0

14.	Maharashtra	37.0	250.0	287.0
15.	Manipur	0.5	1.5	2.0
16.	Meghalaya	0.5	1.5	2.0
17.	Mizoram	0.5	1.0	1.5
18.	Orissa	3.0	19.0	22.0
19.	Pondicherry	0.5	2.0	2.5
20.	Punjab	6.0	39.0	45.0
21.	Rajasthan	9.0	53.0	62.0
22.	Tamil Nadu	14.0	137.0	151.0
23.	Tripura	0.5	1.0	1.5
24.	Uttar Pradesh	22.0	154.0	176.0
25.	Uttaranchal	1.0	4.0	5.0
26.	West Bengal	22.0	126.0	148.0
27.	Total	226.0	1457.0	1683.0

Fonte: MNRE, 2009-10

1. Resíduos biomédicos e perigosos

Na Índia, verificou-se que os resíduos biomédicos dos hospitais e das unidades de cuidados de saúde eram eliminados em locais de eliminação de RSU, apesar de estarem instaladas incineradoras nos hospitais. As incineradoras foram instaladas em várias cidades, mas não funcionam corretamente para destruir os resíduos infecciosos. De acordo com as regras relativas aos resíduos biomédicos (gestão e manuseamento) de 1998, as instalações centralizadas estão em fase de desenvolvimento e as grandes cidades metropolitanas iniciaram a recolha de resíduos hospitalares/clínicos de diferentes áreas residenciais; estes seriam queimados numa instalação centralizada. Em Nasik, Nagpur e Kolkata, existem veículos separados para a recolha de resíduos biomédicos, com manifestos adequados, que são explorados por agências privadas.

Status of Hazardous Waste Generation						
Sl.No.	State/Union Territory	Units generating HW (no.)	Quantity of waste generated (TPA)			
			Recyclable	Incinerable	Disposable	Total
1.	Andhra Pradesh	501	61820	5425	43853	111098
2.	Assam	18	-	-	166008	166008
3.	Bihar	42	2151	75	24351	26577
4.	Chandigarh	47	-	-	305	305
5.	Delhi	-	-	-	-	59423
6.	Goa	25	873	2000	3725	8742
7.	Gujarat	2984	26000	19953	150062	430030
8.	Haryana	309	-	-	31046	32559
9.	Himachal Pradesh	116	-	63	2096	2159
10.	Karnataka	454	47330	3328	52585	103243
11.	Kerala	151	84932	5069	690014	780015
12.	Madhya Pradesh	183	847436	5012	1155398	200784
13.	Maharashtra	4953	89593	1309	107767	198669
14.	Orissa	163	2841	-	338303	341144
15.	Jammu & Kashmir	57	-	-	-	1221
16.	Pondicherry	15	8730	120	43	8893
17.	Punjab	700	9348	1128	12233	22745
18.	Rajasthan	301	9487	19866	2242683	227203
19.	Tamil Nadu	1000	193507	4699	196002	401073
20.	Uttar Pradesh	1020	-	-	-	140146
21.	West Bengal	440	45233	50894	33699	129826
22.	Total	12584	1429281	118941	5250173	7243750

Fonte: MoEF 2000

O custo do serviço de recolha é cobrado aos hospitais/dispensários/clínicas com base no número de camas ou numa base mensal. Em Mumbai, Hyderabad, Bangalore, Calcutá e Deli, os veículos funcionam durante o turno da noite e são mantidos registos de peso (Kumar, 2009). Existem 323 unidades de reciclagem de resíduos perigosos na Índia, das quais 303 utilizam matérias-primas nacionais e 20 dependem da importação de resíduos recicláveis. A situação dos resíduos perigosos importados para reciclagem e recuperação de componentes maioritariamente metálicos no país. Atualmente, são produzidas no país cerca de 7,2 milhões de toneladas de resíduos perigosos, das quais 1,4 milhões de toneladas são recicláveis, 0,1 milhões de toneladas são incineradas e 5,2 milhões de toneladas destinam-se a eliminação em terra (MoEF 2000). Os principais tipos de resíduos perigosos importados pelo país incluem sucata de baterias, escórias de chumbo e zinco, cinzas, escumas e resíduos e zinco galvanizado.

CAIXA 3

Resíduos perigosos na Índia

A Índia tornou-se o local de despejo de resíduos perigosos (Anjello e Ranawana 1996, Agarwal 1998). A mão de obra barata, as deficientes normas ambientais, um regime de importação que se assemelha a uma peneira e um mercado em crescimento para matérias-primas baratas estão todos aqui. Ignorando os seus tribunais, a Índia está a ajudar as nações ricas a ultrapassar uma proibição internacional de despejo de resíduos industriais tóxicos nos países em desenvolvimento (Greenpeace 1997). Milhares de toneladas de resíduos tóxicos estão a ser enviados ilegalmente para a Índia para serem reciclados ou despejados, apesar de uma ordem do tribunal de Nova Deli que proíbe a importação de materiais tóxicos. Cada porto indiano é uma porta de entrada aberta para resíduos perigosos. É claro que o governo indiano está a controlar rigorosamente as importações de resíduos perigosos, autorizando apenas cinco empresas a aceitar resíduos metálicos e permitindo que apenas três empresas exportem esses resíduos para a Índia para reciclagem. De facto, 151 empresas importadoras diferentes importaram quase 73 000 toneladas de resíduos tóxicos de zinco e chumbo de 49 países. Em 1995, a Austrália exportou para a Índia mais de 1450 toneladas de resíduos perigosos, como baterias de chumbo, zinco e cinzas de cobre. Apesar de um acordo internacional, continuam a ser exportadas para a Ásia enormes quantidades de resíduos de PVC (Greenpeace 1998). Uma análise da Greenpeace dos dados relativos ao comércio externo da Índia revelou que pelo menos 1127 toneladas de cinzas de zinco foram importadas principalmente dos Estados Unidos desde maio de 1996. Cerca de 569 toneladas de resíduos de baterias de chumbo foram importadas pelo principal porto marítimo de Bombaim entre outubro de 1996 e janeiro de 1997. Em 1996, foram importadas cerca de 40 000 toneladas de baterias de chumbo partidas. Embora as baterias de chumbo-ácido constem da lista de proibição de Basileia, a Direção-Geral do Comércio Externo da Índia autorizou, no ano passado, a importação livre de placas e terminais de baterias de chumbo.

Os principais produtores de resíduos sólidos industriais não perigosos na Índia são as centrais térmicas que produzem cinzas de carvão, as siderurgias que produzem escórias de alto-forno e escórias de fusão do aço, as indústrias não ferrosas, como a do alumínio, do zinco e do cobre, que produzem lamas vermelhas e rejeitos, as indústrias açucareiras que produzem lamas de prensagem, as indústrias de pasta de papel e de papel que produzem lamas de cal e as indústrias de fertilizantes e afins que produzem gesso. Uma vez que estes resíduos são gerados em grandes quantidades no país (147 milhões de toneladas por ano, segundo uma estimativa de 1999), o potencial de reciclagem/reutilização destes resíduos deve ser explorado, caso contrário será necessária uma enorme área de terra para a sua eliminação.

Armazenamento

Na Índia, na maioria das cidades, os residentes recolhem os resíduos em baldes de plástico e depositam-nos regularmente em contentores comunitários situados perto de casa. Nalgumas zonas, os resíduos são recolhidos em casas individuais por funcionários da empresa. A varredura das ruas também é recolhida em contentores comunitários. Não existem contentores separados exclusivamente para a recolha de resíduos de papel, plástico, etc. (Kumar 2009).

1. Armazenamento secundário de resíduos

As autoridades municipais designaram vários locais nas cidades e vilas para o armazenamento temporário dos resíduos recolhidos pelos varredores de rua e para a deposição dos resíduos domésticos ou comerciais pelos cidadãos. Estes locais têm por objetivo facilitar o transporte a granel dos resíduos dos depósitos. Os depósitos de resíduos são designados por caixotes de lixo, cubas, dhallos, pontos de recolha de resíduos, etc. A maior parte destes locais são abertos e situam-se na berma da estrada. Alguns são construídos em caixotes de cimento ou betão, caixotes de alvenaria ou grandes estruturas. Em geral, esses locais de depósito de resíduos não estão distribuídos uniformemente nas cidades e vilas. Nalguns bairros, existem em grande número e estão muito próximos uns dos outros. Noutras zonas, estão muito afastados, o que torna a sua utilização difícil e demorada para os trabalhadores do saneamento ou para os varredores. Além disso, são muitas vezes mal concebidos e não estão sincronizados com o sistema de recolha primário utilizado. Muitas vezes, os resíduos recolhidos por carrinhos de mão ou triciclos são deixados no chão, mesmo à saída do contentor, bloqueando assim a passagem

21

para o contentor e dificultando ainda mais a sua correta utilização. Os contentores transbordam frequentemente devido à sua capacidade insuficiente e, muitas vezes, encontram-se mais resíduos fora do contentor do que dentro dele. Além disso, os depósitos de resíduos não são esvaziados com regularidade.

Consequentemente, surgem graves queixas da vizinhança e resistência aos novos contentores. A armazenagem secundária inadequada de resíduos conduz a um síndroma de "não no meu quintal". Receando a má gestão das instalações de resíduos secundários, os cidadãos opõem-se à existência de um depósito de resíduos nas proximidades e agitam-se quanto à colocação de qualquer novo contentor perto das suas instalações. Algumas cidades melhoraram a sua armazenagem secundária de resíduos utilizando contentores móveis de vários tamanhos, que vão de 1 metro cúbico a 10 metros cúbicos. Os contentores estão estreitamente ligados ao sistema de recolha primária de carrinhos de mão e triciclos contentorizados e facilitam a transferência direta dos resíduos do carrinho de mão ou do triciclo para os contentores cobertos. Este sistema cria condições mais higiénicas e assegura um armazenamento secundário eficiente dos resíduos (Banco Mundial 2008).

Recolha e transporte de RSU

O sistema de recolha na Índia é primitivo e ineficaz. As autoridades municipais, de um modo geral, não prestam o serviço de recolha de resíduos porta-a-porta, nem contratam a prestação de tais serviços ao sector privado. A principal razão para esta deficiência no serviço é a mentalidade das autoridades municipais. As autoridades não se consideram responsáveis pelo serviço de recolha ao domicílio, apesar de esse serviço ser agora obrigatório nas regras. A segunda razão é a falta de envolvimento dos cidadãos na armazenagem dos resíduos na fonte, o que facilitaria a recolha primária ao domicílio. Na maioria dos casos, o sistema de recolha porta-a-porta é prestado por ONG ou pelo sector privado, com ou sem iniciativa municipal. A imposição de diretivas obrigatórias e a adoção de medidas punitivas não têm sido suficientes para provocar essa mudança.

1. Varredura de ruas

Sem um sistema de recolha primária de resíduos à porta de casa, a varredura das ruas é o método mais comum adotado na Índia para a recolha primária de resíduos depositados nas ruas. No entanto, apenas as ruas e mercados importantes são varridos diariamente. Algumas ruas são varridas em dias alternados ou duas vezes por semana, e outras são varridas ocasionalmente ou nem sequer são varridas. Não é feito qualquer planeamento para garantir que todas as ruas sejam varridas regularmente. Em alguns locais, o trabalho dos varredores é atribuído em termos de um determinado comprimento de estrada, normalmente 250 metros a 1 quilómetro. Nalguns locais, podem ser atribuídos a um varredor 3.000 metros quadrados ou mais. Noutros locais ainda, a atribuição é feita com base num rácio varredor/população: 1 varredor por 250.500 ou mais pessoas. A cada varredor é atribuída uma "batida" (ou seja, uma área demarcada para varrer). A área atribuída é varrida apenas na primeira metade do dia. Por conseguinte, a utilização inadequada do pessoal é preocupante.

2. Recolha comunitária de caixotes do lixo

O sistema comunitário de recolha de lixo é adotado na maioria das cidades. Em algumas cidades, os resíduos produzidos por várias fontes, como residências, varreduras de ruas, jardins, parques, escritórios e complexos comerciais, são recolhidos separadamente. Os resíduos provenientes de matadouros e hospitais são misturados com os RSU nos contentores de armazenagem. Em muitas cidades, existem vários pontos de recolha a céu aberto, o que provoca riscos sanitários e de saúde para os trabalhadores e a população vizinha (Gupta, 1998 e Banco Mundial 2008).

3. Transporte de resíduos

Nas cidades e vilas, os resíduos não são transportados diariamente. Infelizmente, este serviço é efectuado de forma muito ineficaz e pouco higiénica. Os camiões abertos e os tractores utilizados para o transporte dos resíduos são carregados manualmente. Esta atividade morosa resulta em perda de produtividade laboral e aumenta o risco para a saúde ocupacional dos trabalhadores (Banco Mundial 2008). As Regras de Gestão e Manuseamento de RSU de 2000 sugerem a disponibilização de contentores apropriados com base na quantidade de resíduos gerados pela população vizinha. Para a recolha de resíduos, são utilizados vários tipos de contentores de alvenaria de tijolo/caixa de RCC, bem como contentores de plástico e PVC. Verificou-se que a dimensão dos contentores e o seu espaçamento não se baseiam na quantidade de resíduos produzidos pelos cidadãos dos bairros. Em algumas cidades, são utilizados carregadores frontais para carregar os resíduos sólidos nos contentores de armazenagem. O manuseamento manual dos resíduos nos contentores comunitários é largamente adotado em 52 das 59 cidades. Em Nasik, a recolha de casa em casa foi adoptada em toda a cidade sem segregação de resíduos secos e húmidos. Os veículos (sistema trator-reboque) conhecidos como Ghanta Gadi transportam diretamente os resíduos sólidos para uma unidade de tratamento gerida pela empresa municipal. A varredura de estradas e bairros importantes durante a noite tem sido praticada por trabalhadores destacados pelos empreiteiros em cidades como Hyderabad, Bangalore e Chennai. Cerca de 2728 cidades iniciaram parcialmente a recolha de casa em casa e algumas cidades (cerca de 7) implementaram-na em toda a cidade. As cidades totalmente abrangidas pela recolha ao domicílio são Nasik, Chennai, Panjim, Vijayawada, Visakhapatnam, Nagpur e Pondicherry. As cidades onde não existe recolha ao domicílio são Calcutá, Deli, Hyderabad, Kanpur, Patna, Vadodara, Meerut, Jamshedpur, Dhanbad, Faridabad, Allahabad, Amritsar, Rajkot, Port Blair, Guwahati, Gandhinagar, Ranchi, Aizawl, Kohima, Bhubaneshwar, Itanagar, Damão e Silvasa. Os actuais sistemas de recolha de resíduos nas diferentes cidades são apresentados no quadro seguinte.

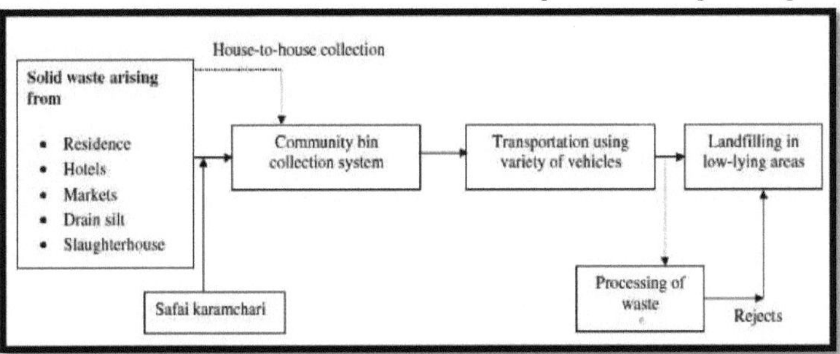

Sistema de recolha de resíduos sólidos existente na Índia

Eliminação de resíduos

Os resíduos são depositados em zonas baixas, dentro ou fora das cidades, designadas como locais de descarga ou em zonas não autorizadas nos arredores da cidade. Por vezes, os resíduos são mesmo depositados nas estradas de acesso às zonas rurais, que não dispõem de terrenos próprios para a eliminação de resíduos. Estas práticas resultam em condições extremamente insalubres e criam graves problemas de degradação ambiental. Uma vez que não se procede à separação dos resíduos na fonte, todos os tipos de resíduos domésticos, resíduos infecciosos provenientes de instalações médicas e até resíduos industriais perigosos são depositados em lixeiras que, na realidade, se destinam a resíduos domésticos. Os resíduos depositados nesses locais não são espalhados nem compactados. São deixados a descoberto para se degradarem em condições naturais. Os locais geram lixiviados e, por conseguinte, poluem as massas de água circundantes, contaminam o ar com emissões de metano e queimadas descontroladas e criam graves problemas de saúde e ambientais para a cidade no seu conjunto e, mais particularmente, para as populações pobres que vivem nas imediações das lixeiras.

1. Dumping aberto

Os RSU são normalmente eliminados em lixeiras a céu aberto em muitas cidades e vilas indianas, o que não é um método correto de eliminação porque as lixeiras a céu aberto representam riscos ambientais que causam desequilíbrios ecológicos no que respeita à poluição do solo, da água e do ar (Kansal, 2002). Mais de 90% dos RSU na Índia são eliminados diretamente no solo de uma forma insatisfatória (Das, 1998). Quase todas as cidades adoptaram o despejo a céu aberto para a eliminação de resíduos, exceto em Pune, onde um aterro sanitário parcial está em desenvolvimento, e em Nasik, onde a eliminação de resíduos é efectuada em diferentes células que adoptaram um método de enchimento sanitário. A recolha e o tratamento de lixiviados, bem como a recuperação de biogás, em aterros sanitários não são praticados na maioria das cidades. A cobertura de terra é parcialmente efectuada em algumas cidades, incluindo Mumbai, Calcutá, Chennai, Ahmadabad, Kanpur, Lucknow, Coimbatore, Nasik, Vadodara, Jamshedpur, Allahabad, Amritsar, Rajkot, Shimla, Thiruvananthapuram e Dehradun. A compactação dos resíduos é efectuada por compactadores/bulldozers em 26 cidades. Nas cidades das regiões montanhosas, a eliminação dos resíduos é efectuada ao longo das cristas dos vales. Não existem instalações como vedações à volta do aterro, postos de controlo, combate a incêndios, água, eletricidade, manutenção de registos, estradas de acesso e um plano de enchimento das diferentes células do aterro em diferentes estações do ano. (Kumar, 2009) (Banco Mundial 2008).

2. Separação de resíduos

A segregação de recicláveis (ou seja, papel, papelão e plásticos) por catadores de lixo é praticada em 22 cidades. Não foram observados apanhadores de trapos em cidades como Calcutá, Chennai, Surat, Kanpur, Coimbatore, Kochi, Visakhapatnam e Panjim. Nalgumas cidades, observou-se que as ONG estavam envolvidas na recolha de resíduos através dos serviços de apanhadores de trapos. A segregação correta dos resíduos conduziria a melhores opções e oportunidades para a sua eliminação científica (Singhal e Pande, 2000) (Kumar, 2009).

Tratamento de resíduos: Foram criadas e colocadas em funcionamento instalações de compostagem com uma capacidade instalada de 40-700 toneladas por dia nas cidades metropolitanas de Bangalore, Hyderabad, Ahmadabad e Calcutá por agências privadas. No entanto, as instalações em funcionamento são subutilizadas por várias razões, como a má qualidade do composto, o que resulta numa menor procura por parte dos utilizadores finais. Embora as Regras de Manuseamento de RSU, 2000, no Anexo I, sugiram a instalação e a entrada em funcionamento de unidades de processamento, o sucesso desejado ainda não foi alcançado devido à indisponibilidade de quaisquer tecnologias comprovadas para os resíduos e condições indianos. Muitos organismos municipais solicitaram aos Conselhos Estaduais de Controlo da Poluição autorização para a instalação de unidades de compostagem. Uma central de valorização energética de resíduos, instalada em Vijayawada pela Shriram Energy Systems, Ltd., Hyderabad, com uma capacidade de cerca de 500 TPD de RSU e uma capacidade de produção de energia de 6 MW, está a funcionar desde dezembro de 2003. Outra instalação, com uma capacidade de cerca de 700 TPD de RSU e uma capacidade de produção de eletricidade de 6,6 MW, estabelecida pela M/s SELCO International, Ltd. em Gandhamguda, perto de Hyderabad, está em funcionamento desde novembro de 2003. A M/s Shriram Energy Systems, Ltd., Hyderabad, colocará em funcionamento uma terceira central de valorização energética de resíduos em Visakhapatnam. Está também em curso em Chennai uma central de valorização energética de resíduos com uma capacidade de 600 TPD. A vermicompostagem de RSU foi iniciada em cinco cidades, nomeadamente Hyderabad (7 TPD), Nagpur (30 TPD), Pune (50 TPD), Indore (1,25 TPD) e Pondicherry (5 TPD). Uma unidade de biometanização para o tratamento de RSU (300 TPD de capacidade) foi colocada em funcionamento em Lucknow para produzir energia eléctrica. Atualmente, está em funcionamento mas é subutilizada (Kumar, 2009).

CAPÍTULO 3

Saúde Ambiental e Resíduos Sólidos

A qualidade do ambiente define o ambiente para a sobrevivência e a resistência de todas as categorias de biota. Os seres humanos não são exceção a esta regra. A sua mortalidade e morbilidade estão intimamente relacionadas com a qualidade do ambiente em que vivem. Por conseguinte, o estado do ambiente manifesta-se mais claramente no estado de saúde dos habitantes. SAÚDE AMBIENTAL

A Saúde Ambiental é o estudo da relação entre as variações no ambiente do homem e o seu estado de saúde. Este estado dinâmico de equilíbrio é frequentemente distribuído pela urbanização, industrialização e outros padrões de organização social. A saúde é um estado de completo bem-estar físico, mental e social e não apenas a ausência de doenças e enfermidades. Segundo a OMS, a saúde ambiental refere-se à visão global da adequação do ambiente em relação ao habitat e às pessoas. A investigação epidemiológica tem vindo a demonstrar que existe uma grande correlação entre a saúde e vários aspectos da urbanização, nomeadamente a habitação, o ambiente de trabalho, a qualidade de vida, o sistema de eliminação de resíduos, etc. O ambiente físico, juntamente com os seus factores, tem de ser controlado para uma melhor sobrevivência da humanidade. Também tem em conta o controlo ambiental económico e social (incluindo o controlo político, cultural, educacional, biológico e de saúde pública).

A saúde ambiental implica também a manutenção de um ambiente que proporcione conforto e desempenho eficiente à humanidade. Além disso, o crescimento urbano da população e o desenvolvimento acentuaram os problemas associados à rápida alteração do ambiente humano. Os bairros de lata, a restrição do espaço habitacional e o ruído são os problemas mais graves, para além das alterações no ambiente social que agravaram os problemas de pobreza e de eliminação de resíduos.

Os níveis crescentes de resíduos sólidos urbanos (RSU) há muito que representam sérias ameaças à qualidade ambiental local e à saúde humana (NEERI 1994; Bhide et al., 1995; CPCB, 2000; ONU 2000). Especialmente durante a última década, o volume e a complexidade dos resíduos sólidos produzidos, em especial nas grandes cidades, têm vindo a aumentar a um ritmo sem precedentes. Este aumento tem sido atribuído a dois factores principais, nomeadamente a intensificação da urbanização e o aumento do nível de vida (Rathi et al., 2007). O sistema de gestão de resíduos sólidos (SWM) inclui quatro actividades: produção, recolha, transporte e eliminação de resíduos (Sharholy 2007). Por conseguinte, a gestão de resíduos sólidos requer a disponibilização e manutenção de infra-estruturas adequadas para as quatro actividades. Quando não são geridos de forma adequada, os resíduos sólidos geram vários riscos para a saúde pública e o ambiente. Além disso, as externalidades negativas geradas pelos níveis crescentes de resíduos sólidos não geridos, tal como referido no Quadro 1, são exacerbadas pela oferta inadequada de outras infra-estruturas e serviços básicos, como o abastecimento de água, as instalações sanitárias e os transportes (UNCHS Habitat, 2001).

Types of Environmental and Health Hazards	
Environmental and Health Hazards	Causes
Environmental pollution	Air quality, water quality, land use, noise
Communicable diseases	Diarrhea, Gastro- intestinal diseases
Non- communicable diseases	Respiratory infection, skin diseases, jaundice, poisoning, hearing defects/ loss, dust
Injury	Occupational injury by sharps, needles, glasses, metals, wood, violence etc.
Aesthetics	Odour, visibility, dust etc.

Fonte: Manuais de gestão de resíduos sólidos do Governo da Índia, 2000

Resíduos sólidos e saúde ambiental

A gestão inadequada dos resíduos sólidos causa frequentemente condições favoráveis à proliferação de vectores, especialmente o vetor da filariose, culex, quinquefasciatus, moscas domésticas, baratas e roedores. O surto de doenças transmitidas por vectores é determinado pela interação complexa de três agentes, nomeadamente o parasita, o hospedeiro e o vetor num determinado ambiente (físico, socioeconómico e cultural). É evidente que as doenças transmitidas por vectores são causadas por uma variedade de parasitas que são transmitidos por portadores vivos. A maioria dos vectores são artrópodes. As doenças importantes transmitidas por vectores prevalecentes na Índia são a malária, a filariose e a encefalite japonesa, o dengue, a febre chikunguaya e a febre hemorrágica (transmitidas por mosquitos), a leishmaniose dérmica e visceral (moscas da areia), a peste (pulgas), etc. Todas estas doenças são causadas pela presença de locais de eliminação de resíduos sólidos insalubres que funcionam como criadouros de vectores. As estatísticas sublinham ainda que mais de cinco milhões de crianças morrem anualmente em todo o mundo devido a doenças transmitidas por vectores. Depois de cada monção, a gastroenterite é a doença mais comum em todo o país. Segundo a UNICEF, cerca de 3 lakhs de crianças urbanas morrem anualmente de diarreia nos bairros de lata. A mortalidade infantil registada a nível nacional é de 123 por 1000 nados vivos. Os principais casos registados são de diarreia, difteria, tétano e sarampo, devido às más condições sanitárias. Em média, as crianças indianas com menos de cinco anos de idade sofrem de 3,3 episódios de diarreia por ano (OMS, 1985). Isto representa um total de 20 milhões de episódios e cinco milhões de mortes por ano neste grupo etário. As doenças de origem hídrica são responsáveis pela iterícia e incluem os agentes A e E. Quase todas as epidemias são causadas pelo vírus da hepatite E, que se propaga a partir de uma pessoa através da contaminação fecal da água e dos alimentos. Sabe-se que estas epidemias ocorrem em todo o mundo. Os países avançados controlaram estas doenças através de medidas de saúde pública adequadas, como o fornecimento de água potável segura e um sistema eficaz de eliminação de esgotos e resíduos sólidos. Mas os países em desenvolvimento, como a Índia, ignoraram este aspeto específico do bem-estar humano. Este facto é bem evidente no surto de peste de 1994 em Surat e noutras cidades da Índia. Esta situação deve-se sobretudo a bairros de lata não autorizados em áreas urbanas congestionadas, com ausência de instalações cívicas, eliminação inadequada de lixo, serviços de saúde negligenciados e condições sanitárias pouco higiénicas. O número crescente de aglomerados populacionais veio aumentar ainda mais os montes de lixo. Na Índia, os serviços de saúde, infelizmente negligenciados, ameaçaram transformar o país num estado paroquial. Durante décadas, o saneamento foi controlado por corporações municipais, repletas de corrupção e eficiência. Atualmente, 25 por cento da população da Índia, ou seja, 21,7 milhões de pessoas, vive em zonas urbanas. Mais de metade da população de 100 lakh de Bombaim vive em bairros de lata. Calcutá tem 5 lakh de habitantes de pavimentos com pouco ou nenhum sistema de recolha de resíduos. Consequentemente, as doenças transmitidas por vectores e pela água são comuns em muitas partes da cidade. Em 1955-56, foi criado um recorde mundial em Deli, quando cerca de 29 300 pessoas desenvolveram iterícia (14% da população de Deli, então com 2,1 milhões de habitantes) devido à contaminação da água potável com esgotos. A maior epidemia de sempre de hepatite E, que ocorreu em Kanpur em 1991, causou iterícia a 79 800 pessoas. Foi também causada pela contaminação da água potável dos poços tubulares por resíduos tóxicos. Além disso, a incidência de doenças transmitidas pela água, em resultado da falta de higiene pessoal e de condições sanitárias, está a aumentar na maior parte das cidades e vilas indianas, sobretudo durante a estação das chuvas. Estudos revelam igualmente que, nas grandes zonas urbanas, a incidência de iterícia varia entre 1500 e 3000 por ano. O número de mortos varia entre 150 e 220 pessoas. Na cidade de Bangalore, são produzidas diariamente mais de 2000 toneladas de lixo, sem infra-estruturas adequadas para a sua eliminação. Em 1996, registou-se um surto de gastroenterite. Mais de 2000 pessoas foram internadas nos hospitais em estado grave. Parece ser um estranho paradoxo, um equilíbrio precário entre os extremos. Chennai, com o estado avançado das instalações de cuidados de saúde, é responsável por quase 50 por cento do número total de casos de malária. Muitas zonas da área metropolitana tornaram-se endémicas para a filária. Embora não tenha havido grandes surtos, a dengue não é estranha à cidade, tal como a encefalite japonesa, mais conhecida por febre cerebral. A leptospirose, causada por um organismo chamado leptospium, também se desenvolve em condições pouco higiénicas. A doença, que provoca iterícia e, em muitos casos, leva à insuficiência renal, é transmitida por ratos, bandicoots e gado através do vinho e das matérias fecais. Os montes de lixo, que são o refúgio seguro das ratazanas e dos bandicoots, também contribuem para a propagação da doença. Em Bombaim, a incidência da tuberculose e de outras doenças respiratórias e os seus níveis de mortalidade assumiram proporções alarmantes. Enquanto a incidência da malária está a aumentar, os casos de diarreia, vómitos e iterícia também estão a aumentar devido à deterioração do ambiente urbano e à estrutura inadequada dos serviços cívicos. Todos os anos, a gastroenterite e a cólera ceifam cerca de 500 vidas no Uttar Pradesh. Em Bihar, mais de 3 500 pessoas morrem anualmente devido à cólera e à diarreia. E em 40 distritos, cerca de 46 000 pessoas sofrem de Kalazar e mais um lakh de pessoas são susceptíveis de contrair malária e Filaria em Bihar. Cerca de 60% da população de Patna sofre de disenteria, ancilostomíase, lombrigas e Kalazar devido ao amontoado de resíduos que flutuam nos esgotos e nos canos de água. Quando ocorrem fugas, a água é frequentemente contaminada com substâncias tóxicas e chega ao ser humano através da cadeia alimentar. Além disso, os lixiviados das lixeiras a céu aberto resultam na contaminação das águas subterrâneas. A queima de resíduos sólidos a céu aberto também contribui para a poluição do ar, que causa efeitos perigosos para a saúde humana e também para as plantas e os animais. O surto de peste nalgumas partes do país veio, de certa forma, corroborar a recomendação do estudo de praticar técnicas científicas de eliminação do lixo e a necessidade de desenvolver um sistema de cuidados de saúde adequado. Em quase todo o país, o sistema de recolha de lixo está obsoleto e é feito de forma descuidada. Há também uma apatia geral do governo em relação ao sistema de saúde. Tendo em conta a dimensão da população, os 6% do PIB afectados aos sistemas de saúde parecem uma piada cruel, quando a média mundial é de 8,6%. A experiência recente da peste dá-nos uma oportunidade de aprender e reflectir sobre esta política. A maioria dos lares de idosos e hospitais privados recusou-se a admitir os doentes com peste e o ónus total foi transferido para os hospitais públicos mal equipados. A peste não só demonstrou o colapso virtual do sistema de saúde e de saneamento das cidades, como também reflectiu a fraqueza da administração local. Um inquérito nacional efectuado pelo Instituto Nacional de Assuntos Urbanos, que abrangeu 686 bairros de lata urbanos, revela um cenário deprimente de mortalidade infantil de 123 por 1000 nados-vivos. A principal causa de morte é a diarreia, a difteria, o tétano e o sarampo, causados principalmente por condições sanitárias deficientes. Conforme noticiado nos últimos anos, a Índia está a promover a importação de resíduos perigosos do mundo desenvolvido. A tecnologia e os produtos que estão a chegar são rejeitados e obsoletos. Os resíduos sólidos estão a ser gradualmente despejados na Índia, o que tem provocado a propagação de doenças.

Riscos para a saúde associados à recolha, transporte e manuseamento de resíduos sólidos

Como é corretamente colocado por Thrift G Hanks relativamente à "relação entre resíduos sólidos e doenças", as doenças transmissíveis são aquelas cujos agentes se encontram nos resíduos fecais, particularmente nos resíduos fecais humanos. Quando estes resíduos não são eliminados de forma higiénica, as taxas de morbilidade e mortalidade das doenças de origem fecal na população são elevadas. A transmissão de doenças é causada pela eliminação inadequada de resíduos, quer por contacto direto, quer por transferência de vectores ou contacto indireto. O componente de lixo dos resíduos sólidos fornece as maternidades e o balcão de almoço gratuito de moscas e ratos. Os detritos e o lixo fornecem a habitação. O lixo vai das casas para a recolha, passando por contentores de recolha, veículos e estações de transferência sujos, até aos locais e instalações de eliminação. Em climas quentes, verificou-se que o lixo exposto produz até 70.000 moscas por pé cúbico numa semana. Assim, caixotes do lixo com resíduos acumulados e lixo solto produziram mais de 1000 larvas de moscas por semana (Chanlett, 1973). Alguns mosquitos culex são criadores de águas residuais e reproduzem-se em poças de água suja nas lixeiras. O 'Aedesaegyptf é um criador fastidioso de água limpa. Existem mais fontes de mosquitos domesticados que transmitem a febre-amarela e a dengue.

Uma pesquisa alargada da literatura sobre os riscos para a saúde associados aos resíduos sólidos indicou uma estreita associação entre os resíduos sólidos e a ocorrência de 22 doenças humanas (Daniel, 1974). Talvez a relação mais óbvia e direta entre os resíduos sólidos e as pessoas envolvidas na recolha, transporte e depósito de resíduos sólidos. O principal motivo de preocupação durante o manuseamento de resíduos infectados é o risco de exposição a agentes infecciosos (patogénicos) que podem estar presentes nos resíduos sólidos. Este risco persiste durante todas as fases do manuseamento dos resíduos infecciosos, que incluem a eliminação dos resíduos, a recolha e a circulação dentro da instalação, a armazenagem, o tratamento no local, o transporte para fora do local para tratamento e a eliminação. O maior risco é causado pelo contacto direto com material cortante, que pode provocar ferimentos por perfuração, arranhões e raspões; quando a pele dos manipuladores de resíduos não está intacta, o agente infecioso pode penetrar na pele. Observou-se igualmente que as lixeiras mal geridas e insalubres estão também indiretamente implicadas no aumento da prevalência de algumas outras doenças, como distúrbios gastrointestinais, peste, dengue, etc. O lixo orgânico em decomposição atrai vectores - mosquitos, baratas, ratos, mosca doméstica, piolhos humanos, pulgas, percevejos, carraças, ácaros e ciclopes. Estas bactérias vectoras que se desenvolvem no lixo quente, húmido e em decomposição provocam a propagação de doenças como a malária, a filária, as febres virais (dengue), a febre hemorrágica viral (febre amarela), a encefalite viral, a diarreia, a disenteria, a cólera, a gastroenterite, a amebíase, a poliomielite e os agentes patogénicos entéricos. As moscas da areia transportadas pelo gado causam Kalazar, feridas orientais e febre da mosca da areia. A mosca da ratazana pode causar peste butómica e tifo endémico. Para além disso, o alagamento devido ao entupimento dos esgotos resulta na formação de um terreno propício à reprodução de mosquitos, o Culex, que é um vetor da filariose, também se desenvolve nesses locais, causando a propagação da doença entre os habitantes e os manipuladores de resíduos. O estudo revelou também que as doenças da hepatite B e do VIH são igualmente transmitidas através do sangue, dos produtos sanguíneos e de outros fluidos corporais durante o manuseamento dos resíduos hospitalares. Ambas as doenças constituem riscos potenciais para a saúde profissional dos manipuladores de resíduos. Consequentemente, é óbvio que os recolhedores de materiais recicláveis sofrem de problemas de saúde como a subnutrição, doenças de pele, diarreia, disenteria, dores de cabeça, problemas respiratórios, tuberculose, tosse e sarna, que são alguns dos problemas de saúde frequentes associados aos recolhedores de materiais recicláveis, tanto nos locais de recolha como nos locais de eliminação. Doenças como o carbúnculo, a psitacose, a febre Q, etc., são prevalecentes entre as pessoas que manipulam animais mortos ou os seus excrementos, resíduos de matadouros, etc. As doenças pulmonares e cutâneas são identificadas como doenças profissionais causadas pelo manuseamento de carcaças de animais. Assim, no que diz respeito ao impacto ambiental causado pela manipulação de resíduos, as consequências negativas estão presentes na seguinte ordem decrescente de risco: locais de eliminação final; locais de armazenamento temporário; estações de transferência, instalações de tratamento e recuperação; e durante os processos de recolha e transporte. O impacto afecta a água, o ar, o solo e também a paisagem.

Health Problems Associated with Waste Handling	
Reference	**Health Problems Identified**
Arer. 1989	Presence of helminthes, poor nutritional status. prevalence of parasites. retarded growth.
Dr. Cuyper, 1992	Bronchitis cuts.
Fuedy. 1992	Backache cuts.
Gunn and Obses. 1992	Lead and mercury poisoning, tetanus, gunshot, wounds, battering, impaired pulmonary function, stunting, malnutrition (from low caloric intake and parasites). skin disorders, skeletal deformities from carrying heavy loads.
Hunt. 1994	Fever, skin problems, colds infectious diseases. parasitic diseases, diseases of the respiratory system, disease of the ear and mastoid process, mental and behavioural disorders, scabies, possible increased susceptible to tuberculosis.
Klyaju, 1986	Diarrhoea, worms. dysentery, cold. stomach trouble. sore eyes, fever. para-typhoid, headache.
Kungskulum, 1991	Headache, diarrhoea, respiratory problems. skin diseases, cut (including needles tic injuries).
Nath et al., 1990	Respiratory diseases, diarrhoea, viral hepatitis, protozoal and helminthic infestation, skin disease, lower immunisation rates than control group, poor nutritional status.
Yiedgo. 1991	Eye irrigation tuberculosis, diarrhoea, dysentery, coughing, malaria, scabies, and headache.

O cumprimento dos regulamentos de proteção ambiental tem de enfrentar limitações institucionais, jurídicas, financeiras e, sobretudo, de vigilância. As tendências emergentes representam um desafio para os decisores políticos no sentido de construírem sistemas de governação e quadros políticos que façam com que as poderosas forças da globalização (sobretudo, a intensificação dos fluxos internacionais de capital, tecnologia, informação e ideias) contribuam para promover a saúde ambiental e o desenvolvimento sustentável (ADB 2001). Reconhece-se que as mudanças fundamentais na forma como as sociedades produzem e consomem são indispensáveis para alcançar o desenvolvimento sustentável global. Por conseguinte, a desvinculação entre o crescimento económico e a degradação ambiental, através de uma maior eficiência e da utilização sustentável dos recursos e dos processos de produção, acabará por reduzir a poluição e os resíduos. Na procura de uma solução para os problemas dos resíduos sólidos, os ganhos sociais, económicos e ambientais devem fazer parte integrante de qualquer estratégia de desenvolvimento, a fim de alcançar o triplo resultado final para as empresas e a sociedade, ou seja, lucros, qualidade e ambiente. Para alcançar o desenvolvimento sustentável, é necessário aumentar a recuperação, a reutilização e a reciclagem de resíduos. A questão mais importante para enfrentar os impactos ambientais negativos nos países em desenvolvimento é melhorar a gestão dos RSU, especificamente a eliminação final (UN-HABITAT 2010).

CAPÍTULO 4

Gestão integrada de resíduos sólidos

A Gestão Integrada de Resíduos Sólidos (ISWM) reflecte a necessidade de abordar os resíduos sólidos de uma forma abrangente, com uma seleção cuidadosa e uma aplicação sustentada da tecnologia adequada, condições de trabalho e estabelecimento de uma ligação social entre a comunidade e as autoridades designadas para a gestão dos resíduos (mais frequentemente as autarquias locais). A ISWM baseia-se tanto num elevado grau de profissionalismo por parte dos gestores de resíduos sólidos como na apreciação do papel crítico que a comunidade, os trabalhadores e os ecossistemas locais (e cada vez mais globais) têm vindo a desempenhar

GESTÃO DE RESÍDUOS

A gestão implica uma escolha consciente entre uma variedade de propostas alternativas e, além disso, essa escolha envolve um compromisso intencional com objectivos reconhecidos e desejados. Sempre que possível, a gestão implica a adoção deliberada de uma estratégia ou de um conjunto de estratégias concebidas para atingir realisticamente os objectivos a curto prazo, proporcionando, no entanto, flexibilidade suficiente para a preservação de opções a longo prazo (Singh, 1997). Uma definição concisa de um sistema é um: "conjunto de *unidades ou elementos em interação que formam um todo integrado destinado a desempenhar uma determinada função"* (Skyttner, 1996).

Numa abordagem de sistemas, os problemas são multidimensionais e multidisciplinares, pelo que as soluções devem refletir esta complexidade. Apesar de uma primeira abordagem sistémica da gestão de resíduos por Lynn (1962), uma das primeiras áreas a considerar os resíduos de uma forma integrada foi o Condado de Palm Beach, na Florida (EUA), em 1975, que utilizou os resíduos sólidos como ponto de partida. C

onsideraram os resíduos como um sistema integrado quando propuseram que os seus programas de gestão de resíduos integrassem "tecnologias de transporte, processamento, reciclagem, recuperação de recursos e eliminação de resíduos sólidos" (McDougall et al., 2001).

Envolve planeamento, organização, administração, aspectos financeiros, jurídicos e de engenharia, envolvendo coordenação interdisciplinar. Para que a gestão de resíduos seja bem sucedida, é necessário o envolvimento ativo da comunidade e dos empresários privados para trabalharem com o governo. Exige um conhecimento intensivo do conteúdo dos resíduos, da forma como devem ser recolhidos e eliminados, com infra-estruturas adequadas e capacidade técnica para lidar com este problema gigantesco. As soluções tecnológicas sofisticadas, disponíveis nos países desenvolvidos, não são, em muitos casos, aplicáveis às cidades indianas, principalmente devido a diferenças consideráveis nas caraterísticas físicas e químicas dos resíduos sólidos, no grau de desenvolvimento industrial e económico, nas restrições financeiras e nos aspectos socioculturais.

Principais agendas para a gestão de resíduos

As seguintes agendas devem ser consideradas para a gestão de resíduos:

➢ A tónica deve agora ser colocada num programa de redução total dos resíduos, em vez de se centrar na eliminação dos resíduos no âmbito da gestão integrada de resíduos

➢ É necessário pagar a recolha e a eliminação dos resíduos para obter benefícios sociais e ambientais.

➢ Nos casos em que foram feitos esforços para reduzir os resíduos, tanto o público como as autoridades locais tendem a concentrar-se na reciclagem pós-consumo.

➢ A produção de resíduos pelos fabricantes deve também ser reduzida na fonte.

➢ A substituição dos aterros sanitários está a tornar-se mais cara e mais difícil de encontrar. Os aterros devem ser tratados como um ativo comunitário valioso. Avaliar um aterro apenas com base nas despesas passadas não valoriza a capacidade do aterro e, por conseguinte, não pode permitir o aumento do valor dessa capacidade ao longo do tempo.

➢ Os activos dos aterros são inadequados, fazendo com que a deposição em aterro pareça artificialmente barata e desencorajando a redução de resíduos. Até que os verdadeiros custos e benefícios da deposição em aterro façam parte da equação, o programa de redução de resíduos parecerá mais caro do que a deposição.

➢ O Ministro do Ambiente deve desenvolver orientações para a avaliação dos activos dos aterros ao longo do tempo, com especial ênfase nos meios de incluir os custos e benefícios ambientais e a longo prazo.

➢ As autoridades locais têm de garantir que todos os contratos de serviços de gestão de resíduos apoiam ativamente a redução de resíduos e não restringem os incentivos financeiros à manutenção ou ao aumento da quantidade de resíduos depositados em aterros.

➢ A produção de resíduos pelos fabricantes também deve ser reduzida na fonte. Os aterros de substituição estão a tornar-se mais caros e mais difíceis de encontrar. Os aterros devem ser tratados como um ativo comunitário valioso. Avaliar um aterro apenas pelas despesas passadas não valoriza a capacidade do aterro e, por conseguinte, não pode permitir o aumento do valor dessa capacidade ao longo do tempo.

Escolhas

Ao responder a situações ou condições comuns de gestão de resíduos sólidos, os decisores enfrentam as seguintes opções:

➢ Como estabelecer prioridades para os recursos municipais inadequados entre a gestão de resíduos sólidos e outras necessidades prementes, por exemplo, abastecimento de água, proteção da saúde ou transportes, e dentro do montante de fundos dedicados às questões dos resíduos sólidos.

➢ Qual a melhor forma de alargar os serviços de gestão de resíduos sólidos a novos empreendimentos na periferia da sua cidade e de satisfazer as necessidades das comunidades existentes, muitas das quais são atualmente servidas apenas pelo sector informal.

➢ Como cobrar uma taxa aos habitantes e às empresas com recursos muito limitados para os serviços de gestão dos resíduos sólidos.

➢ Como selecionar entre diferentes tecnologias concorrentes para reduzir, recolher, eliminar e converter os resíduos sólidos, e entre fornecedores específicos de serviços de gestão de resíduos sólidos, de uma forma que tenha em conta os melhores interesses a longo prazo da sua cidade.

➢ Como escolher entre as preocupações ambientais e os interesses económicos quando estes parecem estar em conflito, por exemplo, quando uma empresa ameaça encerrar ou mudar-se para outro local e deixar as pessoas sem trabalho em vez de pagar mais pela eliminação dos resíduos sólidos.

Quadro político global para a gestão dos resíduos sólidos

Historicamente, os esforços de gestão de resíduos têm-se centrado principalmente na parte da eliminação dos resíduos.

Embora haja atualmente uma tendência geral para a recuperação de recursos a partir dos resíduos, a eliminação continua a ser a forma mais comum de gestão dos resíduos. A descarga, o aterro de resíduos e a incineração são alguns dos métodos mais comuns de eliminação de resíduos. Os quatro aspectos fundamentais da gestão de resíduos - eliminação, tratamento, reciclagem e minimização - que ajudam a construir uma estratégia global de gestão de resíduos para as cidades dos países em desenvolvimento também podem ser apresentados sob a forma de um eixo duplo contínuo que ajuda a construir uma estratégia global de gestão de resíduos.

O continuum tem uma escala horizontal de partes interessadas, que vai desde os municípios e governos locais até à comunidade, e outra escala vertical de tecnologia, que vai desde sistemas de eliminação de alta tecnologia/alta energia até sistemas de baixa tecnologia e baixa energia. Grande parte da atual gestão de resíduos está centrada em sistemas de eliminação de alta tecnologia/alta energia "NOW" no continuum. Por conseguinte, é necessário avançar para um sistema de gestão de resíduos baseado na comunidade, utilizando baixa tecnologia/baixa energia, e centrado na minimização de resíduos através das áreas "cinzentas" de processamento e reciclagem de resíduos.

Eixo duplo contínuo

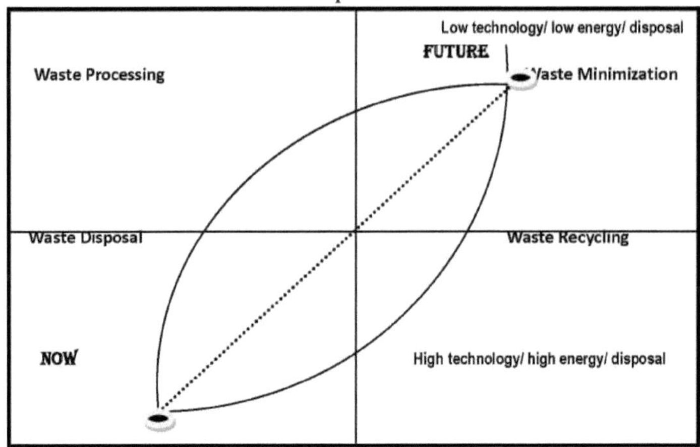

Gestão Integrada de Resíduos Sólidos (ISWM)

A ISWM deve ser orientada por objectivos claros e baseia-se na hierarquia da gestão de resíduos: reduzir, reutilizar e reciclar, acrescentando frequentemente um quarto "R" para a recuperação. A estas opções de desvio de resíduos seguem-se a incineração e a deposição em aterro, ou outras opções de eliminação.

Princípios da gestão integrada de resíduos sólidos

A ISWM baseia-se em quatro princípios: equidade para que todos os cidadãos tenham acesso a sistemas de gestão de resíduos por razões de saúde pública; eficácia do sistema de gestão de resíduos para remover os resíduos em segurança; eficiência para maximizar os benefícios, minimizar os custos e otimizar a utilização dos recursos; e sustentabilidade do sistema numa perspetiva técnica, ambiental, social (cultural), económica, financeira, institucional e política (Klundert e Anschutz 2001).

Gestão integrada de resíduos sólidos

1. Dimensões da gestão integrada de resíduos sólidos

Existem três dimensões interdependentes e interligadas da ISWM, que devem ser abordadas simultaneamente aquando da conceção de um sistema de gestão de resíduos sólidos: partes interessadas, elementos e aspectos.

> ➢ **_Partes interessadas:_** incluem indivíduos ou grupos que têm um interesse ou funções. Todas as partes interessadas devem ser identificadas e, sempre que possível, envolvidas na criação de um programa de SWM.

➢ *Elementos* (Processo): incluem os aspectos técnicos da gestão dos resíduos sólidos. Todas as partes interessadas têm impacto num ou mais dos elementos. Os elementos devem ser considerados simultaneamente aquando da criação de um programa de gestão de resíduos sólidos, a fim de obter um sistema eficiente e eficaz.

➢ *Aspectos* (Políticas e Impactos): abrangem as realidades regulamentares, ambientais e financeiras em que o sistema de gestão de resíduos funciona. Aspectos específicos podem ser alteráveis, por exemplo, uma comunidade aumenta a sua influência ou os regulamentos ambientais são mais rigorosos. As medidas e prioridades são criadas com base nestes vários aspectos locais, nacionais e globais.

2. Elementos da gestão integrada de resíduos sólidos

Um quadro alternativo fornecido pelo UN-HABITAT identifica três elementos-chave do sistema em ISWM: saúde pública, proteção ambiental e gestão de recursos (UN-Habitat 2009).

➢ ***Saúde pública:*** Na maioria das jurisdições, as preocupações com a saúde pública têm estado na base dos programas de gestão de resíduos sólidos, uma vez que a gestão de resíduos sólidos é essencial para manter a saúde pública. Os resíduos sólidos que não são devidamente recolhidos e eliminados podem ser um terreno fértil para insectos, parasitas e animais necrófagos, podendo assim transmitir doenças transmitidas pelo ar e pela água (UNHabitat 2009).

➢ ***Proteção do ambiente:*** Os resíduos mal recolhidos ou eliminados de forma incorrecta podem ter um impacto negativo no ambiente. Nos países de baixo e médio rendimento, os RSU são frequentemente depositados em zonas baixas e terrenos adjacentes a bairros de lata. A falta de regulamentação permite que resíduos médicos e perigosos potencialmente infecciosos sejam misturados com os RSU, o que é prejudicial para os recolhedores e para o ambiente. As ameaças ambientais incluem a contaminação das águas subterrâneas e superficiais.

➢ ***Gestão dos recursos:*** Os RSU podem representar um recurso potencial considerável. Nos últimos anos, o mercado mundial de materiais recicláveis registou um aumento significativo. O mercado mundial de sucata metálica está estimado em 400 milhões de toneladas anuais e em cerca de 175 milhões de toneladas anuais de papel e cartão (UN-Habitat 2009). Isto representa um valor global de pelo menos 30 mil milhões de dólares por ano. A reciclagem, particularmente nos países de baixo e médio rendimento, ocorre através de um sector ativo, embora geralmente informal. A produção de novos produtos com materiais secundários pode poupar energia significativa. Por exemplo, a produção de alumínio a partir de alumínio reciclado requer menos 95% de energia do que a produção a partir de materiais virgens.

Processo envolvido na gestão integrada de resíduos sólidos (ISWM)

As actividades de gestão de resíduos estão associadas à produção, armazenamento, recolha, transferência e transporte, processamento e eliminação de resíduos que sejam compatíveis com o ambiente, adoptando princípios de economia, estética, energia e conservação. É composta por cinco componentes "R" fundamentais: Reduzir, Reutilizar, Recuperar, Reciclar e tratamento de resíduos e eliminação de resíduos. A gestão de resíduos envolve os seguintes processos

1. Quantidade e caraterísticas dos resíduos

A quantidade e as caraterísticas dos resíduos são os principais factores que determinam a magnitude do problema da gestão dos resíduos. É necessário efetuar regularmente exercícios de pesagem para avaliar a quantidade de resíduos. A quantidade per capita futura pode ser estimada com a ajuda da população projectada e do aumento anual da quantidade per capita. Com base na quantidade de resíduos, podem ser estimadas as necessidades de infra-estruturas. É igualmente necessário efetuar estudos de caraterização com frequência, a fim de avaliar as alterações nas caraterísticas dos resíduos devido a um cenário em constante mudança.

2. Armazenamento e recolha

Recolha de resíduos: Devem ser utilizados caixotes de recolha e utensílios devidamente concebidos para a recolha e armazenamento dos resíduos. Os resíduos devem ser recolhidos com frequência para evitar a sua acumulação, que conduz à degradação da qualidade ambiental e estética. As sugestões dos cidadãos e dos trabalhadores para melhorar a conceção e a aplicação dos contentores serão úteis. O espaçamento e a localização dos contentores devem ser fixados com base na

Integrated Solid Waste Management (ISWM)		
Stages	**Process**	
Generation	Quantity and Characteristics	
Storage	Storage of Street Waste	Unenclosed point
		Portable G.I. Containers
		Concrete pipe sections
		Uncovered enclosure of bricks, steel or concretes
		Depots
Collection	House to House Collection	Curb service
		Alley Service
		Set- out, Set- back Services
		Set- out services
		Backyard Services
	Block Collection	
Transportation		Tractor Trailer
		Three Wheeler
		Auto rickshaws
		Electric Vehicles
		Dumper Placer
	Container Carrier System	Special Municipal Vehicles
		Trucks
		Compaction Vehicles
Method of Disposal	Open Dumping	Semi-controlled
		Controlled
	Landfilling	
	Sanitary Landfilling	Trench Method
		Area Method
		Ramp Method
	Composting	
	Incineration	
	Pyrolysis	
	Biogas from waste	

carga de resíduos e opinião pública. O sistema de recolha de casa em casa pode ser introduzido gradualmente para garantir práticas de recolha respeitadoras do ambiente.

> ***Métodos de recolha rentáveis:*** Os sistemas de recolha de resíduos sólidos consomem uma parte significativa das receitas municipais. A recolha exige muita mão de obra, combustível e veículos, e tem de ser repetida diariamente. Geralmente, nos países mais pobres, onde as pessoas não cooperam com os sistemas de recolha de resíduos e onde o tráfego e o acesso rodoviário diminuem a produtividade dos trabalhadores e dos veículos, os custos tendem a ser elevados proporcionalmente ao rendimento, em comparação com os custos de recolha nos países mais ricos. Para determinar os métodos de recolha com uma boa relação custo-eficácia, é necessária uma análise cuidadosa das alternativas, utilizando os custos unitários locais de mão de obra, equipamento, consumíveis (como o combustível), obras de construção civil e terrenos, combinados com as normas de produtividade locais típicas. Ao avaliar as opções de recolha, é normal realizar estudos de tempo e movimento dos sistemas existentes e testar várias dimensões de equipas e métodos de operação. Os sistemas que envolvem o esforço voluntário dos residentes para se deslocarem a pé até aos contentores comunitários oferecem frequentemente os custos mais baixos possíveis, uma vez que a cidade paga apenas pelo transporte ou esvaziamento do contentor. Os sistemas porta-a-porta, mesmo com carrinhos de mão, são mais dispendiosos, mas podem ser preferidos e podem levar a uma maior disponibilidade para pagar taxas de recuperação de custos.

> ***Seleção de veículos de recolha adequados :*** O transporte direto em veículos de recolha (ou seja, desde a rota de recolha até ao ponto de eliminação final) é normalmente comparado com o transporte para estações de transferência, a partir das quais veículos de transferência de grande volume levam os resíduos para o local de eliminação final. Para cada dimensão e tipo de camião de recolha, existe uma distância de

transporte direto única que é económica. Quanto mais pequeno e mais lento for o veículo de recolha, mais curtas serão as distâncias de transporte direto viáveis. Os camiões de compactação de grandes dimensões podem ser escolhidos para servir os centros das cidades, onde o tráfego é lento e a distância até à eliminação é longa; enquanto os tractores agrícolas e os reboques mais pequenos e versáteis podem ser escolhidos para servir as zonas semi-urbanas periféricas e a distância até à eliminação é curta.

3. *Transporte*

A seleção de veículos adequadamente concebidos é importante. Vários factores, como a largura da estrada, o volume de transporte, as condições da estrada, etc., desempenham um papel importante na seleção dos veículos. Deve ser prevista uma garagem adequada para proteger os veículos do desgaste devido ao calor e à chuva. Deve ser introduzido um sistema de manutenção preventiva que seja útil para prolongar a vida útil dos veículos. O percurso dos veículos deve ser devidamente planeado para uma utilização adequada da mão de obra, poupança de combustível e redução do tempo. Deve ser efectuado um estudo de tempos e movimentos para reduzir o tempo de inatividade não produtivo dos veículos e aumentar a produtividade.

4. Eliminação

> *Descarga a céu aberto:* A eliminação de resíduos é uma parte essencial de qualquer sistema de gestão de resíduos sólidos urbanos. Independentemente da extensão da reciclagem ou da recuperação de recursos, há sempre alguns resíduos que têm de ser colocados num local de eliminação (por exemplo, cinzas de incineração, resíduos não compostáveis). A maioria dos países em desenvolvimento utiliza a deposição a céu aberto como forma de eliminação no solo. Em praticamente todos os países em desenvolvimento, há uma necessidade urgente de encerrar as lixeiras a céu aberto existentes e implementar aterros sanitários. Devido aos custos dos aterros sanitários, as cidades tendem a fazer poucos progressos no sentido da implementação de aterros, a menos que o quadro regulamentar e a agência ambiental exerçam pressão no sentido da sua aplicação. O apoio do Banco aos aterros sanitários tem proporcionado um apoio significativo às cidades que pretendem efetuar esta transição das lixeiras a céu aberto.

> *Aterro sanitário:* Os resíduos ou restos de outros processos devem ser enviados para um local de eliminação. Os aterros são um local comum de eliminação final de resíduos e devem ser concebidos e explorados de modo a proteger o ambiente e a saúde pública. O gás de aterro (LFG), produzido a partir da decomposição anaeróbia da matéria orgânica, pode ser recuperado e o metano (cerca de 50% do LFG) queimado com ou sem recuperação de energia para reduzir as emissões de gases com efeito de estufa (GEE). O enchimento adequado dos solos é frequentemente inexistente, especialmente nos países em desenvolvimento. O enchimento de terrenos passa normalmente da descarga a céu aberto, da descarga controlada, do enchimento controlado de terrenos e do enchimento sanitário de terrenos.

> *Aterro sanitário:* A técnica de aterro sanitário deve ser adoptada para a eliminação dos resíduos. A compactação dos resíduos deve ser efectuada regularmente, de preferência com um bulldozer. Deve ser aplicada uma cobertura diária de terra de 15 cm de espessura e uma cobertura final de 60 cm de espessura sobre os resíduos compactados. Estas práticas minimizarão a migração do lixiviado através dos estratos do solo, suprimirão o mau cheiro e melhorarão a qualidade estética. Deverá ser instalado um revestimento impermeável de argila ou um revestimento sintético no fundo do aterro para proteger as águas subterrâneas da poluição ambiental.

Landfill Type			
Landfill Type	Operation and Engineering Measures	Leachate Management	Landfill Gas Management
Semi-controlled Dumps	Few controls: some directed placement of waste; informal waste picking; no engineering measures	Unrestricted contaminant	None
Controlled Dump	Registration and placement/compaction of waste; surface water monitoring; no engineering measures	Unrestricted contaminant	None

Engineered Landfill/ Controlled Landfill	Registration and placement/compaction of waste: uses daily cover material: of waste: uses daily cover material:	Containment and some level of leachate treatment: reduced leachate volume through waste cover	Passive ventilation or flaring
Sanitary Landfill	Registration and placement/compaction of waste: uses daily cover: measures for final top cover and closure: proper siting. infrastructure: liner and leachate treatment in place and post-closure plan.	Containment and leachate treatment (often biological and physico-chemical treatment)	Flaring with or without energy recovery

Pode ser instalado um tubo perfurado de policloreto de vinilo (PVC) para a recolha de lixiviados. É igualmente desejável instalar um sistema de recolha e queima de gás para evitar a fuga contínua de metano para a atmosfera circundante.

> ***Compostagem Aeróbia e Digestão Anaeróbia:*** A compostagem é o processo de decomposição e estabilização da matéria orgânica sob condições controladas. Uma vez que a Índia é um país baseado na agricultura, há necessidade de popularizar o produto entre os agricultores e de explorar o valor do estrume do produto.

> ***Minimização dos resíduos:*** A minimização dos resíduos através da separação de materiais recicláveis, como plásticos, vidro, metais, etc., é outro aspeto que requer uma atenção especial. As ONG podem avançar para promover esta atividade. Os catadores de lixo podem ser treinados para que a separação de itens recicláveis possa ser feita de forma mais sistemática e organizada. A compostagem com leiras ou recipientes fechados destina-se a ser uma operação anaeróbica (com oxigénio) que evita a formação de metano associada a condições anaeróbicas (sem oxigénio). Frequentemente associada a instalações de tratamento de águas residuais, a digestão anaeróbia gera metano que pode ser queimado ou utilizado para gerar calor e/ou eletricidade. De um modo geral, a compostagem é menos complexa, mais fácil de efetuar e menos dispendiosa do que a digestão anaeróbia. O metano é um subproduto pretendido da digestão anaeróbia e pode ser recolhido e queimado. A experiência de muitas jurisdições mostra que a compostagem de matérias orgânicas separadas na origem reduz significativamente a contaminação do composto acabado, em vez do processamento de RSU mistos com separação frontal ou posterior.

> ***Incineração:*** A incineração de resíduos (com recuperação de energia) pode reduzir o volume de resíduos eliminados até 90 por cento. Estas elevadas reduções de volume só se verificam em fluxos de resíduos com quantidades muito elevadas de materiais de embalagem, papel, cartão, plásticos e resíduos hortícolas. A recuperação do valor energético incorporado nos resíduos antes da eliminação final é considerada preferível ao aterro direto, desde que os requisitos de controlo da poluição e os custos sejam devidamente tidos em conta. Normalmente, a incineração sem recuperação de energia (ou combustão não autogénica, a necessidade de adicionar regularmente combustível) não é uma opção preferida devido aos custos e à poluição. A queima de resíduos a céu aberto é particularmente desencorajada devido à grave poluição atmosférica associada à combustão a baixa temperatura.

5. Outras opções para a eliminação de resíduos

O sector da gestão de resíduos segue uma hierarquia geralmente aceite. A utilização mais antiga conhecida da *"hierarquia de gestão de resíduos"* parece ser a do Pollution Probe do Ontário, no início da década de 1970. A hierarquia começou com os *"três R"*, reduzir, reutilizar e reciclar, mas atualmente é frequentemente acrescentado um quarto R: recuperação. As opções de eliminação de resíduos são as seguintes:

> ***Redução de resíduos:*** As iniciativas de redução de resíduos ou de redução na fonte (incluindo a prevenção, minimização e reutilização) procuram reduzir a quantidade de resíduos nos pontos de produção, através da reformulação dos produtos ou da alteração dos padrões de produção e consumo. Uma redução na produção de resíduos tem um duplo benefício em termos de redução das emissões de gases com efeito de estufa. Em primeiro lugar, são evitadas as emissões associadas ao fabrico de materiais e produtos. O segundo benefício é a eliminação das emissões associadas às actividades de gestão de resíduos evitadas.

> *Reciclagem e recuperação de materiais:* As principais vantagens da reciclagem e da recuperação são a redução das quantidades de resíduos eliminados e o retorno dos materiais à economia. Em muitos países em desenvolvimento, os apanhadores de trapos informais nos pontos de recolha e nos locais de eliminação recuperam uma parte significativa dos resíduos. Na China, por exemplo, cerca de 20% dos resíduos são recuperados para reciclagem, o que se deve em grande parte à recolha informal de resíduos (Hoornweg 2005). As emissões de GEE associadas provêm do dióxido de carbono associado ao consumo de eletricidade para o funcionamento das instalações de recuperação de materiais. A reciclagem informal por apanhadores de trapos terá poucas emissões de GEE, exceto no que diz respeito ao processamento dos materiais para venda ou reutilização, que podem ser relativamente elevadas se forem queimados de forma inadequada, por exemplo, a recuperação de metais a partir de resíduos electrónicos.

> *Incluir todas as partes interessadas no processo de seleção e conceção do terreno:* A escolha de um terreno para uma estação de transferência, aterro, incinerador e/ou unidade de compostagem é geralmente uma questão controversa, com a oposição mais frequente das pessoas que vivem na área imediata do local proposto e ao longo do percurso que os camiões de transporte de resíduos deverão utilizar. Comprometer-se a empregar pessoal de monitorização e de ligação à comunidade proveniente da comunidade e dar prioridade aos residentes locais para os novos postos de trabalho criados pelo local pode ajudar a obter a aprovação do local. A maioria das cidades também oferece a descarga gratuita de resíduos à comunidade anfitriã e/ou uma parte das receitas obtidas com as taxas de deposição pagas pelos utilizadores. Para garantir o consenso público, podem ainda ser incluídas na conceção do local zonas de proteção vegetal, estradas de acesso interno curvas que limitem as linhas de visão para a instalação e medidas de atenuação ambiental que minimizem as emissões.

6. Estrutura financeira

Pode ser introduzido um novo regime fiscal para fazer face às despesas de modernização do sistema de gestão de resíduos sólidos urbanos e para melhorar a situação financeira da empresa municipal. Podem ser cobradas taxas adicionais aos indivíduos que utilizam o serviço de recolha ao domicílio.

7. Participação comunitária

A participação da comunidade é essencial para o funcionamento correto e eficiente do sistema de gestão de resíduos sólidos. Em cada área, devem ser formados fóruns de cidadãos. Estes fóruns devem incluir representantes dos cidadãos, assistentes sociais e funcionários municipais. Uma ação imediata baseada nas reacções destes fóruns contribuirá muito para melhorar a situação. Devem ser realizados vários programas para aumentar a consciencialização do público.

Assim, a gestão de resíduos sólidos é um sistema de serviço público vital, contínuo e de grande dimensão, que tem de ser prestado de forma eficiente à comunidade para manter os padrões estéticos e de saúde pública. As agências municipais terão de planear e executar o sistema de acordo com o aumento das áreas urbanas e da população. Tem de haver um esforço sistemático de melhoria de vários factores, como a organização institucional, as disposições financeiras, a tecnologia adequada, a gestão das operações, o desenvolvimento dos recursos humanos, a participação e a sensibilização do público e o quadro político e jurídico para um sistema integrado de gestão dos resíduos sólidos urbanos. O aumento contínuo da taxa de produção de resíduos já não é aceitável: os resíduos perigosos afectam a saúde de milhões de pessoas e envenenam grandes áreas do nosso planeta. Em muitos sítios, as pessoas vivem rodeadas de lixo e de aterros sanitários. É essencial que os governos e as empresas enfrentem os resíduos, utilizando o que sabemos sobre redução, reciclagem e reutilização, mas também desenvolvendo novas tecnologias que eliminem os resíduos.

Sistema de gestão de resíduos sólidos (SWMS) na Índia

O Sistema de Gestão de Resíduos Sólidos (SGRS) refere-se a todo o processo que compreende sete etapas:

> *Separação e armazenamento de resíduos na fonte,*
> *Coleção primária,*
> *Varredura de ruas,*
> *Armazenamento secundário de resíduos,*
> *Transporte de resíduos,*

➤ *Opções de tratamento e reciclagem de resíduos sólidos e*

➤ *Eliminação final*

É importante notar que as autoridades municipais têm a responsabilidade global pela gestão de resíduos sólidos urbanos e, por conseguinte, precisam de recolher informações úteis sobre a quantidade e a qualidade dos resíduos produzidos nos seus municípios. O micro-planeamento da gestão de resíduos permite às autoridades implementar planos que cumprem as regras de 2000. Os sete passos seguintes aqui descritos têm como objetivo cumprir os requisitos das regras nacionais para a gestão dos resíduos sólidos urbanos.

Etapa I: Separação e armazenamento de resíduos na fonte

É importante abordar a questão dos resíduos sólidos a partir da geração de resíduos. Os cidadãos, enquanto produtores de resíduos, têm de cooperar na gestão dos resíduos sólidos. Nenhum esforço municipal pode tornar uma cidade limpa se os seus cidadãos não cooperarem e não participarem ativamente na gestão dos resíduos. Os cidadãos devem ser informados, educados e motivados a não deitar lixo para a rua, de modo a desenvolverem o hábito de armazenar os seus resíduos na fonte, em *pelo menos dois contentores separados (um para resíduos biodegradáveis e outro para resíduos recicláveis).* Os cidadãos devem igualmente ser sensibilizados para os riscos para a saúde humana e o ambiente e ensinados a separar os resíduos domésticos perigosos e os resíduos infecciosos dos outros dois tipos de resíduos. As autoridades municipais devem, por conseguinte, envidar esforços concertados para convencer todas as classes de cidadãos a armazenar corretamente os seus resíduos:

➤ O tamanho adequado de um contentor para resíduos biodegradáveis é de 10 a 15 litros.

➤ Pode ser utilizado outro caixote ou um saco de tamanho semelhante para armazenar os materiais recicláveis.

➤ Os contentores para lojas e estabelecimentos devem ter capacidade para conter os resíduos que esses estabelecimentos produzem, acrescidos de 50% de capacidade excedentária.

➤ Os grandes estabelecimentos podem manter contentores de maiores dimensões, coordenados com o sistema municipal de transportes.

Etapa II: Melhorar a recolha primária

O seu objetivo é evitar a deposição de lixo nas ruas. Os resíduos armazenados e separados nos lares ou noutros estabelecimentos devem ser recolhidos de acordo com um calendário fixo. A recolha porta-a-porta também exige a cooperação e a participação dos cidadãos, que devem levar os seus resíduos à porta quando os colectores de resíduos chegam. É importante não misturar os resíduos que foram separados pelos agregados familiares. Caso contrário, os esforços para separar os resíduos na fonte não terão qualquer efeito.

1. Seleção de veículos de recolha adequados

Os veículos de recolha devem responder às exigências das condições locais. Por conseguinte, uma avaliação da situação das habitações, das condições das ruas e da situação geográfica e topográfica é sempre um pré-requisito para um planeamento eficiente e para a tomada de decisões relativamente ao equipamento de recolha primária. De um modo geral, a recolha primária de resíduos pode ser efectuada com veículos lentos e mais pequenos, que não necessitem de percorrer distâncias muito longas, como se refere a seguir:

➤ *Carrinhos de mão*

➤ *Triciclos e riquexós*

➤ *Riquixás motorizados*

➤ *Tractores com reboques*

Os veículos motorizados são mais adequados em zonas com padrões de habitação menos densos, porque os colectores terão de percorrer distâncias mais longas. Estes veículos também são adequados para as zonas montanhosas. Nas zonas montanhosas, o itinerário da recolha de resíduos deve ser planeado de modo a que os colectores comecem a recolher no nível mais alto e prossigam para os níveis mais baixos, enquanto enchem os seus veículos com resíduos

C **Frequência de recolha:** Na Índia, que tem um clima quente e húmido, os resíduos orgânicos biodegradáveis degradam-se facilmente, produzindo assim odores e atraindo parasitas e vectores de doenças. Por conseguinte, os resíduos biodegradáveis têm de ser recolhidos todos os dias. Os resíduos secos (recicláveis inorgânicos) podem ser recolhidos com menos frequência; no entanto, é aconselhável que sejam recolhidos pelo menos uma vez por semana.

O serviço de recolha diária é muito importante na Índia. As mulheres responsáveis pela higiene doméstica não aceitam o armazenamento de resíduos em casa por mais de 24 horas. Quando o serviço de recolha não é prestado diariamente, deitam os resíduos para a rua. As lojas e os estabelecimentos também não aceitam armazenar resíduos durante mais de 24 horas.

➢ *Opções de recolha primária:* De acordo com as regras de 2000, existem duas opções para a recolha primária: a recolha porta-a-porta em intervalos pré-estabelecidos ou a recolha em contentores comunitários (conhecida como sistema bring).

1. *Recolha porta a porta*

Existem diferentes opções para a recolha porta-a-porta. Estas opções são apresentadas de forma sucinta:

Recolha porta a porta e varredura das ruas

Nesta opção, os varredores de rua recebem carrinhos de mão com contentores ou triciclos com contentores. Os veículos têm quatro a oito contentores e uma campainha ou um apito. Consoante a densidade das ruas, é atribuída a cada trabalhador do saneamento uma extensão de 350 a 750 metros para a varredura das ruas. Enquanto varrem a rua, os varredores devem também fazer a recolha porta-a-porta dos resíduos das 150 a 250 casas situadas em ambos os lados da rua que lhes foi atribuída para varrer. Tocam a campainha ou usam o apito para anunciar a sua chegada, e os cidadãos devem trazer os seus resíduos.

Recolha porta a porta por associações de moradores e organizações não governamentais

Outra opção para a recolha porta-a-porta é confiar o trabalho a associações de moradores (RWAs) ou a ONGs. A estas organizações poderia ser oferecido um subsídio razoável (como 10 rupias por casa e por mês) para as ajudar a nomear e financiar os seus próprios trabalhadores de saneamento a tempo parcial para o serviço de recolha porta-a-porta. As RWA ou as ONG podem ser convidadas a apresentar candidaturas e o acordo pode ser estabelecido através de um memorando de entendimento. A RWA ou a ONG pode nomear um trabalhador de saneamento a tempo parcial por cada 200 agregados familiares para a recolha porta-a-porta. Este indivíduo trabalhará durante quatro horas de manhã. Podem ser fixados horários flexíveis para as lojas e estabelecimentos.

Os trabalhadores do saneamento podem receber um triciclo contentorizado com uma campainha ou um apito para facilitar a recolha de resíduos à porta e devem receber pelo menos o salário mínimo, tal como prescrito pelo governo estatal para os trabalhadores a tempo parcial. Ahmadabad, Hyderabad, Rajkot, Bangalore, Jaipur e Chennai são cidades onde os serviços de recolha porta-a-porta são efectuados através de RWA, ONG e outras iniciativas privadas.

Recolha porta-a-porta por empresas privadas de recolha de resíduos

Uma terceira opção para a recolha porta-a-porta é a celebração de contratos com o sector privado. As autoridades municipais podem preparar pacotes de dimensão razoável para tornar esses contratos viáveis. Os contratos podem ser apenas para a recolha porta-a-porta ou podem também incluir o transporte de resíduos.

Recolha personalizada porta-a-porta em áreas e complexos de rendimento elevado Os grupos de rendimento elevado esperam um serviço mais personalizado e podem não se importar de pagar taxas mais elevadas pela recolha porta-a-porta. Nessas áreas, os trabalhadores do saneamento terão de visitar e recolher os resíduos de cada casa na área que lhes foi atribuída. Este sistema reduz a produtividade do trabalho, pelo que serão necessários mais trabalhadores para cobrir o mesmo número de casas num horário de quatro horas. Assim, o custo da recolha será 30 a 40 por cento mais elevado. O custo mais elevado justifica o aumento das taxas cobradas a essas comunidades. As taxas poderiam ser fixadas de forma a subsidiar a recolha nas comunidades pobres.

2. Recolha comunitária do lixo

No passado, os contentores comunitários não foram bem aceites pelos cidadãos. Os contentores não foram esvaziados a tempo, pelo que transbordaram, provocando uma situação pouco higiénica. Esta situação é agravada pelo facto de os cidadãos tenderem a deitar os resíduos nos contentores à distância, porque não gostam de se aproximar demasiado.

Door-to-Door Collection and Community Bin Collection		
Type of Collection	**Advantages**	**Disadvantages**
Community bin collection	Less cost intensive than door- to- door collection 24- hr. availability to household	Problem of illegal waste disposal because households find it inconvenient to carry their waste to the community bin Resistance from neighbors Nuisance from animals and vermin roaming the waste
Door- to- door collection	Convenience for households Prevention of littering Reduction of community bin Segregated collection of waste	Collection restricted to fixed collection times Increased cost

Fonte: Ministério do Desenvolvimento Urbano e do Alívio à Pobreza 2000

No entanto, os contentores comunitários são muito eficazes para a recolha e ainda podem ser utilizados em situações selecionadas. Por exemplo, os contentores podem ser colocados em edifícios altos com vários andares, complexos habitacionais ou bairros de lata. Para que os contentores comunitários sejam aceites, é essencial que sejam esvaziados e limpos com frequência, a fim de evitar o incómodo causado pelo lixo, pelos odores e pelos animais. Os contentores comunitários devem ser concebidos de modo a permitir o fácil acesso dos cidadãos, o fácil acesso dos camiões, a fácil troca ou esvaziamento e a fácil limpeza da área. O ideal é que os contentores não sejam esvaziados, mas trocados por um contentor limpo e vazio com um camião. Opcionalmente,

Estes contentores podem ser descarregados para um camião de forma mecânica ou manual, dependendo da mecanização adoptada na cidade.

Etapa III: Criação de depósitos de armazenamento secundário de resíduos e estações de transferência Os resíduos sólidos recolhidos à porta através do sistema de recolha primária têm de ser armazenados num local conveniente para o seu posterior transporte de uma forma rentável. Em geral, o manuseamento posterior dos resíduos deve seguir o princípio "Não *manusear os resíduos duas vezes! "*

1. Depósitos de armazenamento

As autoridades municipais têm de prescindir dos depósitos de resíduos a céu aberto e substituir os contentores cilíndricos de betão e os contentores de alvenaria, que são ineficazes e pouco higiénicos, por contentores móveis cobertos e limpos. Devem identificar locais adequados, de preferência entre os locais de armazenamento de resíduos existentes na cidade, onde possam ser colocados grandes contentores de três a sete metros cúbicos para armazenamento secundário de resíduos. O número de contentores necessários dependerá da área da cidade e da sua população. Um coletor de resíduos com um carrinho de mão não deve andar mais de 250 metros. Por conseguinte, os contentores devem estar disponíveis num raio de 250 metros. É necessário colocar pelo menos quatro contentores por quilómetro quadrado. Em áreas de alta densidade, deve ser colocado um contentor por cada 5.000 a 10.000 residentes, dependendo do tamanho do contentor. Um contentor de três metros cúbicos tem capacidade para 1,25 a 1,50 toneladas métricas de resíduos, o que é suficiente para uma população de 5.000 habitantes, enquanto um contentor de sete metros cúbicos pode facilmente tratar os resíduos de uma população de 10.000 a 12.000 habitantes. Em zonas muito dispersas, os municípios podem utilizar o seu poder discricionário na colocação de contentores para facilitar um sistema de armazenamento secundário adequado de uma forma rentável. Os contentores podem ser levados diretamente para o local de eliminação, se a distância for inferior a 15 quilómetros, ou podem ser levados para uma estação de transferência, se a distância for superior. Como os resíduos são separados na fonte, são necessários dois contentores: um para os resíduos biodegradáveis e outro para os recicláveis e os resíduos recolhidos pelos varredores de rua. Os depósitos de armazenamento de resíduos adequados devem garantir um acesso fácil para os colectores primários de resíduos, um manuseamento fácil dos contentores, uma limpeza fácil e a prevenção de entupimentos de água, bem como uma cobertura para proteger da chuva e dos animais.

2. Estações de transferência

Nas cidades em que o local de tratamento e eliminação fica a mais de 15 quilómetros da cidade, as estações de transferência podem ser adequadas. Os resíduos são transferidos de veículos pequenos para camiões contentores maiores, de modo a que possam ser transportados de forma mais eficiente a longas distâncias. Não seria económico transportar pequenas quantidades de resíduos para um transporte de longa distância. Poder-se-ia considerar o seguinte:

➢ A estação de transferência deve ser concebida de forma a que os resíduos possam ser transferidos diretamente para um veículo ou contentor de grandes dimensões.

➢ Os grandes veículos ou contentores com uma capacidade de 20 a 30 metros cúbicos são normalmente utilizados para o transporte de resíduos a longa distância para um local de tratamento e eliminação.

➢ A conceção e a capacidade das estações de transferência e do equipamento de armazenamento dependem fortemente da quantidade de resíduos e dos veículos utilizados para os resíduos primários e secundários.

As autoridades municipais devem selecionar cuidadosamente o local da estação de transferência. Uma ou mais estações de transferência em cada cidade podem facilitar a utilização óptima da frota de veículos pequenos e tirar o máximo partido dos veículos de grande porte para o transporte de resíduos a granel. As estações de transferência devem ser descentralizadas dentro da cidade, afectadas a uma área fechada e situadas na direção geral do aterro principal. Os horários da estação de transferência devem coincidir com os horários do transporte de resíduos da cidade, de modo a que seja possível a transferência direta de resíduos de um veículo pequeno para um veículo grande. Esta disposição pode ser facilitada por uma estação de transferência de dois níveis, em que um veículo pequeno pode passar por uma rampa e descarregar diretamente para um veículo grande. No entanto, se a transferência direta de resíduos de um veículo pequeno para um veículo grande for inconveniente, a autoridade municipal também pode planear uma estação de transferência em que os resíduos são inicialmente depositados num grande contentor e posteriormente movidos utilizando equipamento especial, como uma máquina de recolha. O conteúdo pode então ser transportado para um veículo de grandes dimensões a qualquer hora do dia. Este tipo de disposição exige um manuseamento múltiplo, mas tem a flexibilidade de permitir a transferência de resíduos a qualquer hora do dia.

Etapa IV: Melhorar o transporte de resíduos

Esta fase refere-se ao transporte de grandes quantidades de resíduos para os locais de tratamento ou para o local de eliminação final. O transporte de resíduos é o ponto de estrangulamento da eficiência na maioria das cidades indianas. Em muitos casos, a capacidade de transporte é limitada por tempos de carregamento demorados (carregamento manual) a partir das zonas de armazenagem. Além disso, as longas distâncias limitam as equipas de veículos a uma ou duas viagens por dia, o que pode ser ineficiente se o volume de transporte for pequeno. Quanto maior for a distância até ao aterro, mais volume deverá ser transportado em cada carga. No caso de longas distâncias até ao aterro, as estações de transferência são consideradas mais eficientes. Os veículos devem ser selecionados de acordo com os custos de capital, a capacidade de carga, a esperança de vida, a velocidade de carga, a disponibilidade local de peças sobressalentes, a velocidade, o consumo de combustível e os custos de manutenção. Poderiam ser seguidas algumas considerações gerais para a melhoria:

➢ De acordo com a regulamentação de 2000, o veículo de transporte deve estar coberto. Por conseguinte, no início, as autoridades municipais terão de fornecer uma cobertura aos veículos existentes. Mais tarde, esses veículos deverão ser substituídos por um veículo coberto adequado para evitar a queda de resíduos.

➢ O transporte de resíduos pode ser gerido e monitorizado centralmente ou através de um grande sistema descentralizado. No entanto, uma descentralização excessiva pode resultar numa subutilização da frota de veículos e pode impedir a partilha de veículos para ultrapassar rapidamente situações difíceis.

➢ O transporte pode ser subcontratado a operadores privados.

➢ O sistema de transporte deve ser harmonizado com o sistema de armazenamento secundário de resíduos para evitar o manuseamento manual e múltiplo dos resíduos.

➢ A capacidade de transporte deve ser suficiente para assegurar uma evacuação frequente dos contentores de armazenagem de resíduos secundários. Caso contrário, os contentores transbordarão.

➢ Um sistema de trabalho em dois turnos capitaliza a frota de recolha e reduz a necessidade de novos veículos.

➢ O trabalho noturno aumentará a eficiência, uma vez que os camiões não serão atrasados pelo tráfego diário. Esta consideração é particularmente relevante nos centros das cidades e nas zonas comerciais.

➢ Nas pequenas cidades que não dispõem de instalações de manutenção adequadas para veículos hidráulicos, pode ser mais adequado utilizar veículos combinados trator-trolley ou tractores com dispositivos de elevação. Ao planear a manutenção adequada dos veículos, as autoridades municipais devem ter em conta o seguinte:

➢ É necessária uma manutenção adequada da frota de veículos para garantir que o transporte de resíduos seja efectuado sem interrupções.

➢ Todas as autoridades municipais devem dispor de instalações de oficina adequadas para a manutenção das suas frotas de veículos, incluindo contentores e carrinhos de mão, bem como camiões.

➢ A oficina, pública ou privada, deve ter pessoal técnico adequado, pessoal de reserva e um programa de manutenção preventiva para garantir que pelo menos 80% dos veículos permaneçam na estrada todos os dias.

➢ Os veículos de transporte de resíduos têm uma vida útil de 8 a 10 anos; por conseguinte, é necessário um planeamento financeiro para garantir a substituição atempada dos veículos.

Etapa V: Determinar e estabelecer opções de tratamento e reciclagem de resíduos sólidos

Esta sexta etapa essencial foi tornada obrigatória pelas regras de 2000. A autoridade municipal deve tratar a fração orgânica dos resíduos antes da sua eliminação. Espera-se que as autoridades municipais estabeleçam um plano de compostagem de resíduos ou adoptem a tecnologia de valorização energética dos resíduos, conforme adequado. Atualmente, os empresários privados estão a defender várias tecnologias para o processamento e tratamento de RSU orgânicos. Algumas das tecnologias foram utilizadas na Índia no passado, como a compostagem microbiana e a compostagem de parasitas, enquanto outras se baseiam em aplicações utilizadas em países estrangeiros que ainda não foram experimentadas na Índia ou que falharam na Índia. Estas aplicações incluem a incineração para a produção de eletricidade. Muitas vezes, as autoridades municipais não avaliam a adequação das novas tecnologias às condições indianas. Podem sentir-se atraídas por tecnologias utilizadas com sucesso em países industrializados sem avaliar a sua aplicabilidade na Índia. Em consequência, podem deparar-se com o fracasso mais tarde. É importante evitar este erro e abordar corretamente a questão da adequação às condições locais, incluindo os conhecimentos técnicos locais, a capacidade de funcionamento e o custo de manutenção. As autoridades municipais devem também considerar a possibilidade de solicitar o parecer de peritos externos ao município.

Criteria for Selection of Appropriate Technology		
Technical	Financial	Managerial
Technology under Indian condition	Investment cost	Labour requirement
Scale of operation	Operational cost	Skills for operational and maintenance
Required water, land and power	Financial mechanism	Skills for monitoring and management
Process aesthetic		
Environmental impact		

Fonte: Ministério do Desenvolvimento Urbano e do Alívio à Pobreza 2005

1. Reciclagem de resíduos

A reciclagem de resíduos na Índia tem um grande potencial inexplorado que pode beneficiar a sociedade indiana no seu todo. Em todo o país, é necessário atualizar e reorganizar o sistema de reciclagem, aumentar a eficácia do sistema de recolha e reciclagem de resíduos e melhorar as condições de trabalho dos recolhedores de materiais recicláveis. O comité de peritos do Supremo Tribunal reconheceu este potencial no seu relatório e recomendou novas medidas para intensificar a reciclagem, tendo em consideração todas as partes interessadas. O Anexo II das regras de 2000 estabelece diretivas obrigatórias para a separação e tratamento de resíduos no âmbito dos serviços de gestão municipal. Assim, os municípios têm de selecionar tecnologias de processamento adequadas no sector da reciclagem.

2. Tratamento de resíduos orgânicos

O lixo doméstico pode conter 40 ou 50 por cento de resíduos orgânicos. Os resíduos dos mercados urbanos de frutas e legumes contêm quantidades ainda mais elevadas. Dado que os resíduos orgânicos causam grandes problemas higiénicos e ambientais nas cidades e nos aterros, as regras de 2000 exigem uma melhor gestão e tratamento desta fração antes da eliminação final. Estão disponíveis várias opções de tratamento para os resíduos orgânicos.

➢ *Compostagem:* Nas regras de 2000, a compostagem é definida como um processo controlado que envolve a decomposição microbiana de matéria orgânica em condições aeróbicas. Os resíduos biodegradáveis são convertidos numa substância semelhante ao solo (composto), que é um valioso corretor do solo e fertilizante. A Índia tem uma comunidade de compostagem bem estabelecida, com uma grande experiência neste domínio. No entanto, apenas alguns municípios adoptaram a compostagem como uma opção de tratamento na sua estratégia de gestão dos resíduos sólidos urbanos. Muitas iniciativas de compostagem não estão formalmente ligadas ao sistema oficial e, por conseguinte, debatem-se com problemas organizacionais, financeiros e institucionais. A compostagem sustentável só é possível com o apoio financeiro ou organizacional das autoridades municipais. Os esquemas de compostagem variam em termos de âmbito, tecnologia e gestão.

Type of Composting		
Scope	**Technology**	**Management**
Backward Composting	Box Composting	Individual Composting
Neighborhood Composting	Window Composting	Community Composting
Market Waste Composting	Vermicomposting	Municipal Composting
Centralized Composting	Pit Composting / Co-composting	Private Composting

Fonte: Ministério do Desenvolvimento Urbano e do Alívio à Pobreza 2005b

➢ *Digestão anaeróbia:* A digestão anaeróbia é um processo que produz biogás a partir de resíduos decompostos. O biogás pode ser utilizado para alimentar geradores de eletricidade ou para produzir calor. O processo de digestão anaeróbia reduz o volume de matéria orgânica do fluxo de resíduos, reduzindo assim a quantidade de resíduos que têm de ser depositados num aterro ou incinerados.

➢ *Incineração e outras tecnologias:* Os resíduos indianos têm um baixo poder calorífico, entre 700 e 1.000 quilocalorias. Por conseguinte, não são adequados para a incineração. Qualquer tecnologia de incineração exige um fator de produção de elevado poder calorífico. As autoridades municipais devem, por conseguinte, ser muito cuidadosas na avaliação desta opção para a eliminação de resíduos. Uma grande instalação de incineração instalada em Deli em 1986 falhou e teve de ser encerrada. No entanto, estão em funcionamento duas centrais eléctricas que utilizam combustível derivado de resíduos em Andhra Pradesh, em Hyderabad e Vijayawada. Ambas produzem 6,5 megawatts de energia, mas essas centrais podem estar a utilizar mais resíduos agrícolas do que RSU. A tecnologia deve, por conseguinte, ser cuidadosamente avaliada na situação indiana. Ao considerarem esta opção tecnológica, as autoridades municipais devem analisar o valor calorífico dos resíduos e ter em conta a provável redução do valor calorífico devido à segregação dos resíduos recicláveis (que têm um valor calorífico elevado) na fonte.

➢ *Tratamento dos resíduos inorgânicos:* A fração inorgânica dos resíduos domésticos municipais pode ser dividida em materiais recicláveis e materiais não recicláveis. Quanto mais cedo os materiais recicláveis forem separados do fluxo de resíduos sólidos, mais elevado será o seu valor e mais fácil será o seu processamento posterior. A opção de tratamento adequada para os resíduos inorgânicos depende das suas caraterísticas físicas e químicas, bem como do seu potencial de reutilização. Na Índia, a opção de tratamento predominante para os resíduos orgânicos é a reciclagem através do sector informal. Este método tem potencial para recuperar cerca de 20% desses resíduos e para reutilização e reciclagem. As experiências com a incineração (abordagens de transformação de resíduos em energia) são menos prometedoras. O sector da reciclagem está bem estabelecido na Índia; no entanto, ainda há muito a fazer no que diz respeito às condições de trabalho e à proteção do ambiente.

Etapa VI: Melhorar a eliminação final dos resíduos através da construção de aterros sanitários

artificiais

A deposição de resíduos a céu aberto pode causar danos irreparáveis ao ambiente, poluindo o solo, a água e o ar, afectando negativamente a saúde humana e diminuindo a qualidade de vida das pessoas. Por conseguinte, as regras de 2000 proíbem as descargas a céu aberto e exigem que as autoridades municipais eliminem os resíduos sólidos de forma segura em aterros concebidos para o efeito. As regras exigem ainda o tratamento da fração orgânica dos resíduos sólidos antes da sua eliminação final nos aterros sanitários. Assim, apenas os resíduos rejeitados e degradados podem ser depositados em aterros. Todas as cidades e vilas da Índia têm, por conseguinte, a obrigação de pôr termo ao despejo bruto de resíduos em lixeiras a céu aberto e de, em vez disso, identificar terrenos adequados para a construção de aterros sanitários concebidos de acordo com as normas prescritas no Anexo III das regras. O Anexo III fornece orientações para os requisitos básicos de seleção e conceção dos aterros. As secções seguintes descrevem orientações importantes:

1. Seleção do local

As orientações incluem as seguintes disposições relativas à seleção do local:

➢ Nas zonas sob a jurisdição das "autoridades de desenvolvimento", é da responsabilidade dessas autoridades identificar os locais de aterro e entregá-los à autoridade municipal competente para desenvolvimento, exploração e manutenção.

➢ A seleção dos locais de aterro deve basear-se na análise das questões ambientais. O Departamento de Desenvolvimento Urbano do Estado ou do Território da União deve coordenar-se com as organizações envolvidas para obter as aprovações e autorizações necessárias.

➢ Os aterros devem ser planeados e concebidos com documentação adequada de um plano de construção faseado, bem como de um plano de encerramento.

➢ Os locais de aterro devem ser selecionados de modo a utilizar uma instalação de processamento de resíduos próxima. Caso contrário, deve ser planeada uma instalação de processamento de resíduos como parte integrante do aterro.

➢ Os aterros existentes que continuem a ser utilizados durante mais de cinco anos devem ser melhorados de acordo com as especificações constantes do esquema III.

➢ Os resíduos biomédicos devem ser eliminados de acordo com as Regras de Gestão e Manuseamento de Resíduos Biomédicos de 1998 e os resíduos perigosos devem ser geridos de acordo com as Regras de Gestão e Manuseamento de Resíduos Perigosos de 1989, na sua versão alterada.

➢ Os aterros devem ter uma dimensão suficiente para durar 20 a 25 anos.

Requirement for the selection of landfill sites	
Type	**Minimum siting distance**
Habitation	500 meters
Water Bodies	200 meters
Canals, drainage systems	30 meters
Highways, railways	300 meters from center line
Coastal regulation zoning	No landfill permitted
Flood-prone areas	No landfill permitted
Airports	20 kilometers
Earthquake-prone areas	500 meters from fault-line fracture

Fonte: Ministério do Ambiente e das Florestas 2000 (Anexo IV)

➢ Os aterros devem estar afastados de aglomerados habitacionais, zonas florestais, massas de água, monumentos, parques nacionais e zonas húmidas, bem como de locais de importante interesse cultural, histórico ou religioso.

➢ Deve ser mantida uma zona tampão de não urbanização em torno do aterro e deve ser integrada nos planos de ordenamento do território do departamento de planeamento urbano.

Os aterros devem estar afastados dos aeroportos, incluindo as bases aéreas. Para além destas regras, os Conselhos Estaduais de Controlo da Poluição devem prescrever os critérios para a seleção dos locais em termos de distância a manter das habitações, massas de água, auto-estradas, caminhos-de-ferro, etc.

➢ ***Regra geral para a necessidade de terrenos***

As autoridades municipais devem identificar uma parcela de terreno adequada que cumpra os requisitos prescritos nas regras de 2000 e nos respectivos Conselhos Estaduais de Controlo da Poluição. As pequenas cidades que dispõem de terrenos limitados podem não conseguir construir aterros sanitários muito profundos ou altos. Nesses casos, as autoridades devem considerar um aterro médio de cerca de quatro metros. Dois hectares de terreno são aconselháveis para uma população de 10.000 habitantes. Oito hectares ou 20 acres de terra servirão para uma população de 100.000 pessoas. Deste terreno, 25 por cento pode ser utilizado para compostagem e o restante para aterro. O aterro deverá estar operacional durante 20 a 25 anos. No caso de grandes cidades ou de instalações regionais, pode ser possível construir um aterro profundo e alto. O aterro poderá ter uma altura de 12 a 15 metros. Neste caso, a necessidade de terra pode ser substancialmente reduzida em proporção à altura que pode ser alcançada no aterro. Em tais aterros, 8 a 10 acres de terra podem ser adequados para uma população de 100.000 habitantes.

CAIXA 5

Declaração de Princípios para uma Gestão Sustentável e Integrada de Resíduos Sólidos (SISWM) que Apoia a Boa Governação

- O SISWM é uma parte integrante da boa governação local e um dos serviços urbanos mais visíveis que influenciam a perceção local da governação.
- O SISWM fornece um nível mínimo de serviço aceitável a todos os residentes e estabelecimentos urbanos, com níveis de serviço mais elevados quando existe uma maior necessidade.
- O SISWM fornece aos trabalhadores uniformes, tarefas e resultados de desempenho bem definidos e itinerários e horários previsíveis, para que o público possa participar no controlo do desempenho.
- O SISWM responde aos níveis de serviço e às condições desejadas pelos residentes e estabelecimentos que recebem o serviço.
- O SISWM cria sistemas de informação de gestão que permitem uma contabilidade rentável dos custos e um acompanhamento global do desempenho relacionado com os custos.
- O SISWM procura formas de permitir que as comunidades sejam responsáveis e que os indivíduos actuem de modo a criar uma cooperação pública com o serviço.

Fornece prestação de serviços económicos

- O SISWM tem em conta as economias de escala no dimensionamento das instalações e na conceção das rotas, e procura descentralizar ou agrupar os serviços conforme necessário para otimizar essas economias.
- O SISWM reconhece que a recolha é o principal elemento de custo do sistema de resíduos sólidos e exige uma análise global dos custos.
- O SISWM inclui sistemas de pré-coleção, na medida em que aumentam a disponibilidade para pagar e obtêm a cooperação do público com o serviço.
- O SISWM assegura a afetação de recursos suficientes para a manutenção preventiva dos veículos e das instalações, bem como a disponibilidade de competências, peças sobressalentes e consumíveis para garantir uma prestação de serviços estável e fiável.
- O SISWM reconhece que os sistemas e equipamentos devem ser selecionados de acordo com as condições locais e não devem ser transplantados de outras situações sem uma cuidadosa consideração das condições locais.

Estabelece mecanismos de recuperação de custos para a sustentabilidade financeira a longo prazo

- O SISWM é sustentável através de uma série de fontes de receitas, incluindo taxas diretas, impostos gerais indirectos e receitas provenientes da reciclagem e da recuperação de recursos.
- O SISWM cria mecanismos de recuperação dos custos e sistemas de gestão financeira que são à prova de fugas e limitam o potencial de intervenção política indevida.
- A SISWM utiliza contas separadas para as receitas dos resíduos sólidos, a fim de garantir a disponibilidade de um fluxo de caixa fiável para satisfazer as necessidades de serviço.

Conserva os recursos naturais

- O SISWM incentiva a capacidade de fabrico nacional de veículos, máquinas e peças necessárias ao serviço.
- O SISWM oferece incentivos para a minimização de resíduos, a reciclagem e a recuperação de recursos

na fonte, ou o mais próximo possível da fonte.

➤ A SISWM implica uma análise exaustiva dos custos das alternativas, essencial para uma tomada de decisão sólida.

➤ O SISWM procura locais de eliminação que minimizem a área necessária, optimizando a profundidade do enchimento.

Participação do público

➤ O planeamento e as operações da SISWM têm em conta os aspectos relacionados com o género, as crianças e os aspectos culturais da população local e evitam incomodar ou colocar a carga de trabalho indevidamente sobre qualquer grupo específico.

➤ O planeamento e as operações do SISWM são participativos e permitem um feedback contínuo das pessoas envolvidas na receção e prestação de serviços.

➤ O SISWM oferece incentivos, educação e sensibilização do público para promover a cooperação com os serviços prestados e os mecanismos de recuperação de custos.

➤ O SISWM sensibiliza o público para as questões ambientais, as questões de saúde e segurança no trabalho, as oportunidades de minimização de resíduos e os valores da reciclagem e da recuperação de recursos.

Promove tecnologias e sítios ambientalmente adequados

➤ A SISWM efectua investigações sobre a localização de instalações adequadas do ponto de vista ambiental e assegura que as instalações sejam concebidas de modo a respeitarem as normas de descarga e de impacto economicamente eficientes do ponto de vista ambiental.

➤ A SISWM monitoriza as emissões e as alterações ambientais relacionadas com todas as actividades de armazenamento, manuseamento e eliminação de resíduos.

➤ O SISWM reconhece que os aterros sanitários são uma tecnologia anaeróbia que gera metano, que o metano é um gás com efeito de estufa significativo e que os esforços para recuperar os gases dos aterros sanitários.

➤ A SISWM reconhece que o composto tem benefícios para a economia rural fora da área de serviço municipal, para o reabastecimento de solos, minimização da erosão, desenvolvimento de alimentos ricos em nutrientes e redução das necessidades de irrigação de água; assim, todos os esforços para melhorar a produção rentável de composto de alta qualidade.

➤ O SISWM implica a avaliação do impacto ambiental e a participação do público em todas as novas instalações de transferência, tratamento e eliminação.

➤ O SISWM implica o encerramento faseado de todas as lixeiras a céu aberto, exceto se puderem ser transformadas em aterros controlados que não representem uma ameaça ambiental significativa.

➤ O SISWM exige o cumprimento de requisitos mínimos de segurança e saúde no trabalho para todos os trabalhadores e recolhedores de resíduos, quer sejam contratados pelo sector público ou privado.

Procura níveis adequados de segregação na fonte, reciclagem e recuperação de recursos

➤ O SISWM exige o transporte, tratamento e eliminação separados de quantidades significativas de resíduos hospitalares, perigosos ou de construção/demolição dos resíduos urbanos gerais

➤ O SISWM optimiza a minimização de resíduos e a separação de materiais recicláveis na fonte de produção de resíduos

➤ O SISWM incentiva o desenvolvimento de mercados de materiais recicláveis nos principais centros de produção de resíduos.

Realiza o planeamento e desenvolvimento estratégico das instalações

➤ A SISWM convida a uma participação estruturada das principais partes interessadas no processo de planeamento estratégico.

➤ A SISWM exige um planeamento estratégico a longo prazo para que as terras necessárias para o tratamento dos resíduos sejam reservadas para o futuro.

➤ O SISWM não inclui a incineração de resíduos urbanos gerais, a menos que o valor calorífico durante todo o ano permita uma combustão autossustentável a temperaturas adequadas para proteger a qualidade do ar.

➤ A SISWM reconhece que um aterro moderno e ambientalmente seguro faz parte de qualquer estratégia de eliminação a longo prazo e que haverá sempre alguns resíduos que não podem ser tratados, reciclados ou recuperados de outra forma económica.

Reforça a capacidade institucional

➢ O SISWM dispõe de uma autoridade local adequada e de autonomia para permitir uma boa governação municipal no sector dos resíduos sólidos, bem como um financiamento autossustentável e a recuperação dos custos.

➢ O SISWM reforça a capacidade local em matéria de planeamento, operações, racionalização das operações, manutenção e reparação de equipamento, gestão da mão de obra, acompanhamento do desempenho, concursos, aquisições, contabilidade, sistemas de informação de gestão e participação do sector privado.

➢ O SISWM separa as funções de planeamento, de operações, de controlo do desempenho e de regulamentação para evitar conflitos de interesses e prestar assistência técnica.

Convida o sector privado a participar

➢ O SISWM convida à participação do sector privado como forma de aumentar o investimento, os recursos humanos e os conhecimentos especializados no planeamento e nas operações.

➢ O SISWM exige que as operações do sector privado e do sector público cumpram as mesmas normas mínimas em matéria de ambiente, saúde e segurança.

➢ O SISWM controla o desempenho dos sectores público e privado de forma comparável, equitativa, competitiva e transparente.

CAIXA 6

Componentes do Plano de Gestão Integrada de Resíduos Sólidos

Um plano integrado de gestão de resíduos sólidos deve incluir as seguintes secções

➢ O carácter e a escala da cidade, as condições naturais, o clima, o desenvolvimento e a distribuição da população;

➢ Dados sobre toda a produção de resíduos, tanto dos últimos anos como das projecções para o período de vigência do plano (normalmente 15-25 anos). Estes dados devem incluir dados sobre a composição dos RSU e outras caraterísticas, como o teor de humidade e a densidade (peso seco), actuais e previstos;

➢ Identificar todas as opções propostas para a recolha, transporte, tratamento e eliminação dos tipos e quantidades definidos de resíduos sólidos;

➢ Integrar avaliações equilibradas de todas as questões técnicas, ambientais, sociais e financeiras;

➢ O plano proposto, especificando a quantidade, escala e distribuição dos sistemas de recolha, transporte, tratamento e eliminação a desenvolver, com os fluxos de massa de resíduos propostos para cada um deles;

➢ Reformas institucionais associadas e disposições regulamentares necessárias para apoiar o plano;

➢ Os requisitos para a gestão de todas as ocorrências que não sejam de RSU, quais as instalações necessárias, quem as fornecerá e os serviços conexos e como essas instalações e serviços serão pagos;

➢ O plano de execução proposto abrange um período de, pelo menos, 5 a 10 anos, com um plano de ação imediato que especifica as acções previstas para os primeiros 2 a 3 anos;

➢ Esboço do programa pormenorizado a utilizar para localizar as principais instalações de gestão de resíduos, por exemplo, aterros sanitários, instalações de compostagem e estações de transferência. Uma avaliação das emissões de GEE e do papel dos RSU no metabolismo urbano global da cidade.

CAPÍTULO 5

Prevenção estratégica de resíduos

O rápido crescimento da população, a urbanização e o crescimento industrial conduziram a graves problemas de gestão de resíduos nas cidades e vilas. Embora a urbanização esteja a ocorrer em todo o mundo, as suas consequências são particularmente significativas na Ásia. Uma estimativa das Nações Unidas prevê que dois terços do crescimento da população mundial se verificarão na Ásia ao longo de algumas décadas e que, nos próximos 20 anos, o número de megacidades asiáticas, definidas como áreas urbanas com populações superiores a dez milhões, duplicará para 17 de um total mundial de 27. Se as tendências actuais se mantiverem, os problemas de congestionamento dos transportes, de gestão dos resíduos e de qualidade ambiental serão ainda mais agravados.

A maioria dos países do Terceiro Mundo é pobre e mais de metade da população vive em bairros de lata, bairros de lata, *bairros* de lata e outros "bairros de transição". O próprio lixo nestas zonas tem um carácter bastante diferente do das zonas "residenciais" e comerciais ricas. Em todo o caso, a densidade dos resíduos é elevada e o seu poder calorífico é baixo. Para agravar as dificuldades, os resíduos contêm frequentemente uma boa quantidade de excrementos de animais e de seres humanos, pelo que é urgente proceder à sua prevenção.

PREVENÇÃO DE RESÍDUOS

A prevenção de resíduos, também designada por "redução na fonte", tem como objetivo evitar a produção de resíduos. As estratégias de prevenção de resíduos incluem a utilização de menos embalagens, a conceção de produtos para durarem mais tempo e a reutilização de produtos e materiais. A prevenção de resíduos ajuda a reduzir os custos de manuseamento, tratamento e eliminação e, em última análise, reduz a produção de metano. A redução na fonte é a prática de conceber, fabricar, comprar e/ou utilizar materiais (incluindo embalagem) ou produtos de forma a reduzir a quantidade ou a toxicidade dos resíduos gerados antes de serem eliminados. A redução na fonte também envolve a reutilização de materiais ou produtos. Quando aplicada de forma eficaz, a redução na fonte diminui os custos de eliminação e manuseamento de resíduos, uma vez que evita/menospreza as despesas associadas à reciclagem, compostagem, aterro e incineração. A redução na fonte também conserva recursos, reduz a poluição e elimina os riscos e responsabilidades associados à eliminação. É por isso que a redução na fonte ocupa o primeiro lugar entre as opções de gestão de resíduos: não tem praticamente nenhum efeito negativo no ambiente, conserva energia e recursos e não requer novas instalações. Planeamento estratégico para a prevenção de resíduos

Um dos pilares da gestão sustentável dos resíduos sólidos é o planeamento estratégico e são fornecidas ligações para orientações. Outro pilar é a análise de custos das opções de resíduos sólidos, sendo também fornecidas ligações para ferramentas analíticas úteis. Para o desenvolvimento bem sucedido de qualquer projeto de resíduos sólidos, a participação da comunidade na recolha, a consulta da comunidade sobre a recuperação de custos e a participação pública na localização e conceção das instalações são inerentemente essenciais para a sustentabilidade. O planeamento estratégico começa com a formulação de objectivos a longo prazo baseados nas necessidades urbanas locais. Segue-se um plano de ação a médio e curto prazo para atingir os objectivos. A estratégia e o plano de ação devem identificar um conjunto claro de acções integradas, as partes responsáveis e os recursos humanos, físicos e financeiros necessários. É necessário um quadro político abrangente a nível nacional e provincial para ligar as políticas de saúde pública, ambientais, de privatização, de descentralização e de instrumentos económicos. Há mais de uma década que o Banco Mundial se preocupa com o planeamento ambiental e a gestão dos serviços de resíduos sólidos, tendo apoiado o desenvolvimento de dois guias de planeamento estratégico:

➢ Practical Guidebook on Strategic Planning in Municipal Solid Waste, Banco Mundial e Cities of Change, 2003.

➢ Strategic Planning Guide for Municipal Solid Waste Management, Environmental Resources Management (ERM), 2004.

Cada vez mais, os municípios abordam também questões ambientais urbanas relacionadas com a gestão dos resíduos sólidos. A preocupação e a sensibilidade do público para as questões ambientais estão a impulsionar esta agenda alargada. Estas incluem:

➢ Impactos na saúde e no ambiente dos resíduos acumulados não recolhidos e dos locais de eliminação clandestina
➢ Impactos na saúde e no ambiente das instalações de resíduos sólidos, incluindo instalações de transferência, compostagem e aterros
➢ Emissões atmosféricas dos veículos de recolha e transferência de resíduos
➢ Manuseamento e eliminação especiais de resíduos perigosos, incluindo resíduos perigosos industriais e de cuidados de saúde.

1. Técnicas de prevenção de resíduos

➢ ***Prevenção da poluição (P2):*** elimina a produção de poluentes na sua fonte. A P2 pode frequentemente ser alcançada através de uma variedade de actividades, incluindo: pequenas alterações nos processos de fabrico, substituição de produtos poluentes por produtos não poluentes e simplificação das embalagens. De facto, o P2 pode ser integrado de forma fácil e pouco dispendiosa nas actividades quotidianas e é aplicável a todos os tipos de actividades geradoras de poluição (por exemplo, lavagem de veículos, mudança de óleo, pintura, reabastecimento de combustível, paisagismo, aplicação de pesticidas, etc.).

➢ *Ciclo de **resíduos:*** A abordagem do ciclo de vida dá uma imagem mais completa dos resíduos e da energia associados a um produto. As nossas escolhas diárias determinam a quantidade de resíduos que produzimos. Enquanto consumidores, a nossa relação com um produto ocorre apenas durante uma curta fase da sua existência. Para obter uma visão global da quantidade de resíduos que geramos e dos seus custos financeiros e ambientais, é importante considerar o ciclo de vida completo dos produtos e não apenas o período em que nos são úteis. Em vez de se limitar a analisar a quantidade de resíduos que acaba num aterro ou numa incineradora, a análise do ciclo de vida é uma abordagem abrangente: mede também a utilização de energia, as entradas de materiais e os resíduos gerados desde a produção até à entrega dos bens ao consumidor. Cada fase do processo de produção gera um tipo específico de resíduos que requer uma solução de gestão específica. De um modo geral, consideramos três grupos de resíduos. Os gerados em resultado de: extração e transformação de matérias-primas fabrico e produção de bens (incluindo a construção de edifícios) distribuição e consumo de produtos fabricados

➢ ***Hierarquia dos 5 'R's** dos Resíduos:* A hierarquia dos resíduos assumiu muitas formas ao longo da última década, mas o conceito básico continua a ser a pedra angular da maioria das estratégias de gestão de resíduos. O objetivo da hierarquia dos resíduos é extrair o máximo de benefícios práticos dos materiais e gerar o mínimo de resíduos. O primeiro R *"Reduzir"* implica que os consumidores devem fazer escolhas sensatas que reduzam a quantidade de resíduos gerados e que a indústria deve analisar os seus processos e reduzir os materiais. A "reutilização" pode aplicar-se à utilização de um material novamente na mesma função ou a uma nova função. "Reciclagem" é o reprocessamento de materiais em novos materiais. A reciclagem pode diminuir o consumo de novas matérias-primas, mas muitas vezes poupa a energia necessária para transformar as matérias-primas num produto. "Recuperar" aplica-se à recuperação de materiais ou de energia de um fluxo de resíduos mistos. Por vezes, este material é utilizado para produzir um combustível que é depois queimado para obter energia. A recuperação de energia pode saltar os processos mecânicos ou biológicos e tratar termicamente o material para recuperar energia. *"Resíduo"* refere-se à gestão de resíduos ou à gestão de materiais que permanecem após a aplicação dos quatro Rs anteriores. A Ásia é bem conhecida pela sua cultura mista no que respeita ao clima, à economia, à alimentação e à topografia. Este facto reflecte-se nos sistemas de gestão de resíduos sólidos. A gestão dos resíduos sólidos está a tornar-se cada vez mais importante por várias razões, incluindo a concentração da população nas áreas municipais, as intervenções legais, o aparecimento de novas tecnologias avançadas e a crescente sensibilização do público para a importância da higiene e do saneamento.

Hierarquia dos Cinco R's da SWM

Most Desirable	Reduce
↑	Reuse
	Recycle
↓	Recover
Least Desirable	Residuals

> ***Pay-As-You-Throw (PAYT):*** A implementação de mecanismos de preços variáveis por parte dos municípios, frequentemente designados por Pay-As-You-Throw (PAYT), é um instrumento poderoso ao dispor das autoridades locais para apoiar e otimizar a política de gestão de resíduos e melhorar a situação da produção de resíduos urbanos, aumentando a separação e a reciclagem de resíduos. O sistema PAYT está a romper com a tradição dos sistemas de gestão de resíduos, tratando os serviços de gestão de resíduos como outros serviços públicos. Ao contrário da abordagem comum da tarifação dos resíduos, em que os serviços de recolha são facturados sob a forma de uma taxa fixa recorrente e/ou associados a pagamentos calculados com base no espaço habitacional, no número de membros do agregado familiar ou em determinados outros fornecimentos, como água, águas residuais e eletricidade, aos agregados familiares abrangidos por um sistema PAYT é cobrado um montante variável em função da quantidade de resíduos por eles produzidos e do serviço correspondente que receberam para a sua eliminação. Dresden tornou-se a primeira cidade da Europa a criar um sistema eletrónico de identificação e tarifação para a faturação das taxas de resíduos. A edição especial da revista Waste Management ajudará a encontrar soluções adequadas e a divulgar a tarifação variável dos resíduos como uma abordagem prospetiva para uma gestão sustentável dos resíduos, respeitando o princípio da subsidiariedade e as diferentes condições e preferências locais. Os sistemas PAYT também estimulam os agregados familiares a produzir menos resíduos no total. Um estudo efectuado na Saxónia, na Alemanha, mostrou que a introdução do PAYT reduziu a produção total de resíduos em cerca de 20% (SLUG, 1999). Além disso, a experiência checa mostrou que a introdução do PAYT poderia reduzir a produção total de resíduos nas cidades até 22% (Sauer et al., 2008). Os tipos mais comuns de programas PAYT nos EUA são os programas baseados em latas, programas de sacos, programas de etiquetas e autocolantes e programas híbridos. Os sistemas baseados no peso foram testados nos EUA, mas nunca foram instalados à escala real em nenhuma comunidade americana para serviços residenciais, embora este tipo de programa esteja em vigor na Dinamarca, Alemanha e noutros locais da Europa.

> ***Estrutura tarifária e modelo de tarifação:*** As inter-relações supramencionadas e os efeitos daí decorrentes complicam, por conseguinte, a escolha da estrutura tarifária adequada. Os planeadores e decisores envolvidos neste processo têm de estar plenamente conscientes dos aspectos e das suas consequências. O modelo tarifário resultante deve satisfazer uma série de exigências e critérios, para além de assegurar a recuperação dos custos.

Modelos de taxas de resíduos

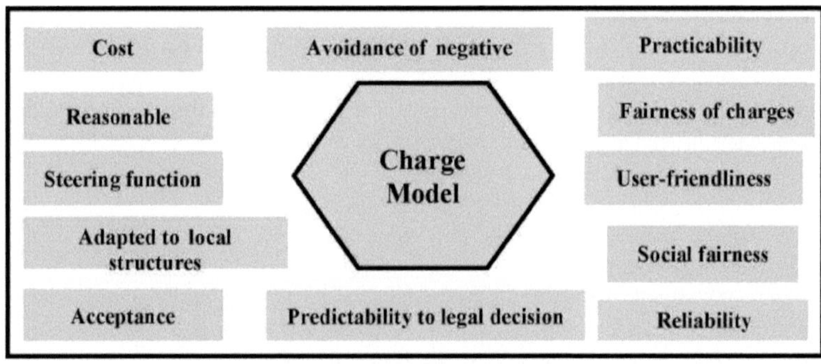

(Adaptado de Bilitewski, 2004)

> *Currículo de gestão de resíduos:* Foram feitas várias tentativas por várias organizações de diferentes países para iniciar o desenvolvimento de um currículo de gestão de resíduos. Uma dessas tentativas foi a da National Recycling Coalition, nos EUA, que reuniu um comité de peritos para elaborar um currículo integrado de gestão de resíduos (Conn, 1993). O comité começou por estabelecer um conjunto de quatro objectivos para um programa curricular (Conn, 1993), que incluíam

> A formação de especialistas em gestão integrada de resíduos (GIR);

> Fornecer formação em técnicas de GTI;

> Fornecer a não especialistas com conhecimentos limitados sobre GCI e

> Contribuir para o desenvolvimento da literacia ambiental entre os estudantes em geral. De acordo com De Vega et al. (2003), enquanto os conceitos básicos de ambiente e sustentabilidade não forem incorporados no currículo de ensino (a nível terciário), o ensino das componentes da gestão de resíduos, como a reutilização e a reciclagem, perde-se. De facto, todo o processo de desenvolvimento curricular assenta em inter-relações complexas entre objectivos, experiências, conteúdos e meios de avaliação.

Em muitas cidades em rápido crescimento dos países em desenvolvimento, o tratamento dos resíduos domésticos tornou-se um problema político vital. As políticas e os regulamentos destinados a uma boa gestão dos resíduos, que vão desde o controlo específico dos resíduos a nível doméstico até à gestão integrada e aos esforços de redução dos resíduos, têm sido aplicados com resultados mistos (Choe e Fraser, 1999). A boa gestão dos resíduos sólidos envolve a hierarquia sequencial de redução na fonte, reutilização, reciclagem e eliminação segura. No mundo moderno, registou-se uma mudança de contexto na forma como os resíduos são tratados pelos seres humanos. Esta mudança de conceção consiste na passagem da "desconsideração dos resíduos para o reconhecimento das suas implicações para a saúde, para a aceitação da necessidade de recolher e tratar os resíduos" (Bisson, 2002). Seria impossível compreender e gerir os resíduos com êxito se a gestão não tivesse em conta a produção de resíduos. Para manter uma boa gestão de resíduos, precisamos não só de dados exactos sobre a produção de resíduos, mas também de informações sobre o comportamento e a atitude das pessoas em relação aos resíduos. Isto deve-se ao facto de os resíduos serem o produto do comportamento humano (Bisson, 2002). Os esforços de redução dos resíduos domésticos, tanto na fonte como através de várias técnicas, como a reciclagem, a reutilização e a compostagem (Choe e Fraser, 1999), determinam o esquema ótimo de gestão dos resíduos. O serviço de recolha de resíduos sólidos a nível doméstico pelo município de Mekelle é efectuado principalmente através de dois métodos principais: serviços de recolha porta-a-porta por reboques de tractores e serviços de recolha utilizando contentores comunitários em pontos fixos (contentores). A principal prática de recolha e eliminação de resíduos utilizada é o serviço de contentores colectivos. Os contentores têm uma capacidade de retenção de 8 m^3 cada. O segundo maior método de recolha e eliminação de resíduos utilizado pelo município é o sistema de tractores-reboque. No processo de recolha de resíduos sólidos por meio de tractores-reboque, o co-condutor chama a atenção dos agregados familiares através de um alarme manual (ou de um alarme no trator) para que tragam os seus resíduos para a recolha. Quando o reboque está cheio até à sua capacidade, é transportado por um trator para ser depositado em contentores comunitários. De um modo geral, a oferta de instalações de tratamento de resíduos é insuficiente. Os serviços de recolha de resíduos sólidos são irregulares. As disposições institucionais para a recolha e eliminação de resíduos pelo município são deficientes (Tadesse, 2006). Há uma grande escassez de capital humano e material para a gestão dos resíduos sólidos (Tesfay, 2004).

> *Informação sobre resíduos:* As "necessidades de informação sobre resíduos" identificadas não devem ser vistas como actividades isoladas realizadas pelo governo, uma vez que muitas dessas necessidades fazem parte integrante de um "ciclo" de gestão de resíduos, do qual o planeamento é visto como o primeiro e mais importante passo. Um ciclo que visa melhorar a gestão dos resíduos na África do Sul através da divulgação e utilização de informações fiáveis sobre os resíduos. Infelizmente, há muito pouco escrito sobre os desafios dos resíduos, atualmente enfrentados pelas três esferas de governo na África do Sul.

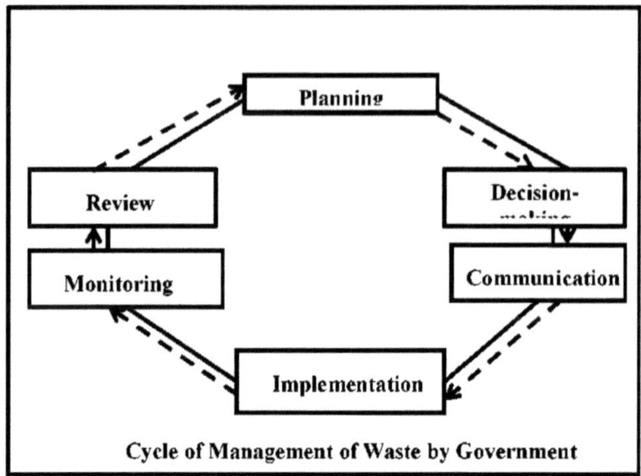

> As duas principais necessidades de informação sobre resíduos - planeamento e cumprimento/execução - identificadas pelos governos nacionais e provinciais são discutidas a seguir, no contexto do seu atual ambiente de gestão de resíduos. O planeamento é um tema muito vasto, que vai desde o planeamento estratégico a nível do governo nacional até ao planeamento operacional básico a nível do governo local. De acordo com McKinney e Howard (1998, p. 201), o planeamento estratégico é "a estratégia ou os meios para levar a cabo uma política". No caso da África do Sul, reflecte o plano de ação do governo ou o quadro de gestão para a implementação do Livro Branco sobre PI&GP (República da África do Sul, 2000a) e a Estratégia Nacional de Gestão de Resíduos (NWMS) (DEAT, 1999).

A informação é uma componente importante deste processo de planeamento e tomada de decisões (Roux et al., 1997); no entanto, uma vez que não existe uma recolha rotineira e exaustiva de dados nacionais sobre resíduos, não é atualmente possível apoiar o planeamento estratégico da gestão de resíduos com informações fiáveis. As duas principais necessidades de informação sobre resíduos - planeamento e acesso público à informação - identificadas pelo governo local são discutidas a seguir, no contexto do seu atual ambiente de gestão de resíduos.

O governo local está, em grande medida, imerso em processos de planeamento, incluindo a preparação de Planos de Desenvolvimento Integrado (IDPs), Planos Integrados de Gestão de Resíduos (IWMPs), Planos de Gestão Ambiental (EMPs), Planos de Implementação Ambiental (EIPs) (DEAT, 2004b) e Planos de Melhoria da Prestação de Serviços (SDIPs) (PSC, 2005). De acordo com a Lei dos Sistemas Municipais (Lei 32 de 2000, p. 38) (República da África do Sul, 2000c), todos os municípios são obrigados a completar Planos de Desenvolvimento Integrado (PDI) que estabelecem, entre outras coisas, a "visão do conselho para o desenvolvimento a longo prazo do município e as prioridades e objectivos de desenvolvimento do conselho para o seu mandato eleito". Os planos integrados de gestão de resíduos (PEIR) são considerados como um plano setorial dos PDI. De acordo com a Estratégia Nacional de Gestão de Resíduos (DEAT, 1999), todos os municípios devem concluir os planos de gestão integrada de resíduos para a sua área de jurisdição (DEAT, 1999) até 2003. No entanto, até à data, não existe legislação que obrigue ao desenvolvimento desses planos de resíduos. Mas o planeamento só pode ser reconhecido como uma componente valiosa na gestão dos resíduos, se estes forem identificados como uma prioridade pelo governo local. Normalmente, os resíduos não têm recebido a prioridade que merecem (República da África do Sul, 2000a; Godfrey e Dambuza, 2006). É compreensível que o governo seja confrontado com questões sociais básicas e de subsistência, como o acesso a alimentos, emprego, habitação, água e saneamento, educação e segurança. No entanto, a má gestão dos resíduos tem o potencial de afetar grandemente a saúde humana e o ambiente e, como tal, é uma componente crítica dos serviços prestados pela administração local. O planeamento é um aspeto crítico na gestão de resíduos pelo governo local, provincial e nacional, um aspeto que até agora não realizou todo o seu potencial, que pode ser apoiado através da recolha de informações precisas e fiáveis. A mudança de abordagem dos governos em relação aos resíduos é evidente nas necessidades actuais e futuras de informação sobre resíduos. Esta mudança está em consonância com a política nacional e internacional no sentido da minimização, reutilização e reciclagem de resíduos e da gestão sustentável dos resíduos através de um planeamento sólido da gestão dos resíduos e do envolvimento das comunidades no planeamento através da divulgação de informações. A mudança na abordagem dos governos em relação aos resíduos é evidente nas necessidades actuais e futuras de informação sobre resíduos.

> ***Assinar ou não assinar:*** Existem quatro grandes tratados internacionais que tratam de materiais tóxicos. O primeiro deles, a Convenção de Basileia, foi adotado em 1989 para regular os movimentos transfronteiriços de resíduos perigosos e outros resíduos. Em 1995, foi adoptada uma emenda (a Emenda de Proibição de Basileia) para proibir a exportação de resíduos perigosos dos países da OCDE e do Liechtenstein para países não pertencentes à OCDE; o Protocolo da Convenção de Londres de 1996, que impede a maior parte das formas de dumping oceânico; e a Convenção de Estocolmo, destinada a eliminar gradualmente a produção de poluentes orgânicos persistentes (POP). Alguns países assinaram e aplicaram os quatro tratados; outros ainda não assinaram nenhum.

> ***Não desperdiçar, não querer:*** Atualmente, vários regulamentos internacionais e nacionais estabelecem que os produtores têm de ser responsabilizados pela quantidade e toxicidade dos resíduos que produzem. No entanto, embora este princípio do "poluidor-pagador" tenha começado há algumas décadas, o preço de muitos produtos, como os computadores, ainda não inclui o custo total da reciclagem e da eliminação. Como alternativa, algumas empresas e governos (principalmente nos países desenvolvidos) estão a adotar princípios de "produção limpa" e de conceção ecológica. Estes incluem a utilização inteligente das matérias-primas e a orientação da produção para a utilização de componentes duradouros e não tóxicos que sejam fáceis de reutilizar, refabricar ou reciclar. As iniciativas de "zero resíduos" também estão a ganhar velocidade. A ideia de resíduos zero baseia-se na crença de que todos os materiais deitados fora têm potencial de recursos (e, por isso, não são verdadeiramente resíduos). Esta abordagem procura alternativas à incineração e aos aterros sanitários. Alguns países, como a Nova Zelândia, estão a promover os resíduos zero na sua agenda de desenvolvimento económico - aproveitando a sua imagem de exportador de produtos verdes e limpos (resíduos zero, NZ).

> ***Resíduos inteligentes:*** A investigação de alta tecnologia no mundo dos resíduos está a procurar formas de limpar a sujidade. As bactérias produtoras de enzimas podem converter produtos tóxicos, como óleos e pesticidas, em dióxido de carbono e outros subprodutos. E as bactérias podem um dia ser aproveitadas para lidar com resíduos não orgânicos, como os metais pesados. Os cientistas descobriram bactérias invulgares que vivem nas profundezas da terra. Utilizam substâncias químicas presentes nas rochas para produzir energia, concentrando no processo os metais pesados. As aplicações biotecnológicas incluem a remediação de sedimentos contaminados e o desenvolvimento de técnicas inovadoras de extração mineira (ODP, CSIRO). A ciência está também empenhada em encontrar formas de minimizar os resíduos, transformando-os em produtos. O saco de plástico feito de excrementos de animais ou de resíduos alimentares é uma realidade (EBCRC), juntamente com tijolos, isolamentos, alcatifas, sapatos, roupas e toda uma série de outros produtos, todos eles feitos de algum tipo de resíduos. Outra estratégia consiste em desenvolver formas de substituir os produtos fabricados com materiais não renováveis e não recicláveis, a fim de eliminar os resíduos.

> ***Ferramenta de apoio à decisão sobre resíduos sólidos urbanos (MSW-DST):*** A Agência de Proteção Ambiental dos EUA (US EPA) lançou o Desafio de Conservação de Recursos (RCC) em 2002 para ajudar a reduzir os resíduos e avançar para um consumo de recursos mais sustentável. O objetivo do RCC é ajudar as comunidades, as indústrias e o público a pensar em termos de gestão de materiais e não de eliminação de resíduos. Reduzir os custos, encontrar estratégias mais eficientes e eficazes para gerir os resíduos urbanos e pensar em termos de gestão de materiais requer uma abordagem holística que considere os compromissos ambientais do ciclo de vida. O Laboratório Nacional de Investigação em Gestão de Riscos da EPA dos EUA liderou o desenvolvimento de uma ferramenta de apoio à decisão sobre resíduos

sólidos urbanos (MSW-DST). A metodologia ambiental baseia-se na utilização da avaliação do ciclo de vida e a metodologia de custos baseia-se na utilização da contabilidade de custos totais.

A gestão integrada de resíduos (GIR), na sua aceção mais simples, incorpora a hierarquia de gestão de resíduos (Turner e Powell, 1991), considerando os impactos diretos (transporte, recolha, tratamento e eliminação de resíduos) e os impactos indirectos (utilização de materiais e energia dos resíduos fora do sistema de gestão de resíduos) (Korhonen et al., 2004). Trata-se de um quadro que pode ser utilizado para otimizar os sistemas existentes, bem como para a conceção e implementação de novos sistemas de gestão de resíduos (Programa das Nações Unidas para o Ambiente, 1996). A GIR é também um processo de mudança que introduz gradualmente a gestão de resíduos de todos os meios (sólidos, líquidos e gasosos) (Comissão Económica das Nações Unidas para a Europa, 1991).

> *Abordagens de produtividade verde para a gestão de resíduos sólidos urbanos:* A Cimeira Mundial sobre Desenvolvimento Sustentável de 2002, realizada em Joanesburgo, declarou que o desenvolvimento sustentável deve continuar a fazer parte de qualquer iniciativa de desenvolvimento. Os aglomerados urbanos de todo o mundo enfrentam o dilema de como eliminar os seus resíduos. A Teoria da Hierarquia das Necessidades de Maslow afirma que todos os seres humanos lutam pelas necessidades básicas de alimentação, vestuário e abrigo. O volume crescente de resíduos gerado pelas mudanças nos padrões de consumo está a representar um desafio formidável para todos. O problema é como lidar com um grande aumento de resíduos sem alterar os estilos de vida das pessoas. Muitos municípios investigaram muitas opções, mas encontrar um local para um novo aterro sanitário está a tornar-se extremamente difícil devido à síndrome do "não *no meu quintal"* (NIMBY). A pressão para proteger o ambiente está agora a ser exercida pelo público através de relatórios dos meios de comunicação social e de Organizações Não Governamentais (ONG). Por conseguinte, as questões têm de ser tratadas numa perspetiva integrada, em conformidade com a visão de desenvolvimento sustentável acordada na CMDS de 2002 em Joanesburgo e no Programa de Ação de Barbados para os pequenos Estados insulares. Os resíduos que são atualmente eliminados em lixeiras, aterros ou incineradores apresentam o maior potencial de reciclagem, transformação ou reutilização. Em muitos países, os resíduos inorgânicos, como o papel, os metais e os plásticos, são facilmente reciclados, uma vez que a procura mundial destes resíduos está a aumentar. O que é necessário é a criação de um sistema de gestão adequado para a reciclagem Os resíduos orgânicos podem constituir até 70 por cento do fluxo total de resíduos. Estes são provenientes das seguintes fontes dominantes:

Resíduos municipais, por exemplo, resíduos de restaurantes e de cozinhas, resíduos orgânicos domésticos e esgotos, e resíduos da indústria de transformação de alimentos, e resíduos agrícolas e de transformação de culturas, por exemplo, resíduos de culturas e de jardins, serradura e resíduos de fruta, estrume de galinhas e de outros animais, e resíduos de matadouros. Numa perspetiva nacional, as fábricas, explorações agrícolas, unidades de transformação de alimentos, restaurantes, etc., localizadas dentro ou perto da comunidade, podem tornar-se parte da abordagem da Produtividade Verde (PG), cuja base assenta em estratégias de sustentabilidade. É uma abordagem que garantirá um ambiente limpo, seguro e saudável para a área proposta e seus arredores. A implementação de uma sociedade de eco-circulação para uma comunidade Verde e Produtiva baseia-se no princípio do desenvolvimento sustentável. O processo encara os resíduos como um recurso eficaz e um contributo para a produção de novos produtos e não como um objeto descartável que pode tornar-se uma fonte de poluição. O conceito de reutilização e reciclagem (3Rs) é uma componente importante da prática de GP. Há uma série de planos possíveis para converter os resíduos orgânicos em produtos valiosos, como entradas para actividades económicas adequadas e viáveis que não só resolverão alguns dos problemas ambientais, mas também contribuirão para a erradicação da pobreza e para o desenvolvimento sustentável. O plano prevê a transformação de todos os resíduos orgânicos provenientes de fábricas, hotéis e restaurantes em fertilizantes ou alimentos para animais, que podem ser utilizados em explorações agrícolas, unidades de produção animal e explorações de aquicultura. Dada a tecnologia disponível, será possível utilizar máquinas de processamento de alta velocidade para converter substâncias orgânicas em fertilizantes ou rações. Para além disso, com este processo há uma descarga zero de resíduos orgânicos (APO 2005). Os países asiáticos estão preocupados com o aumento constante da quantidade de resíduos sólidos nos seus municípios.

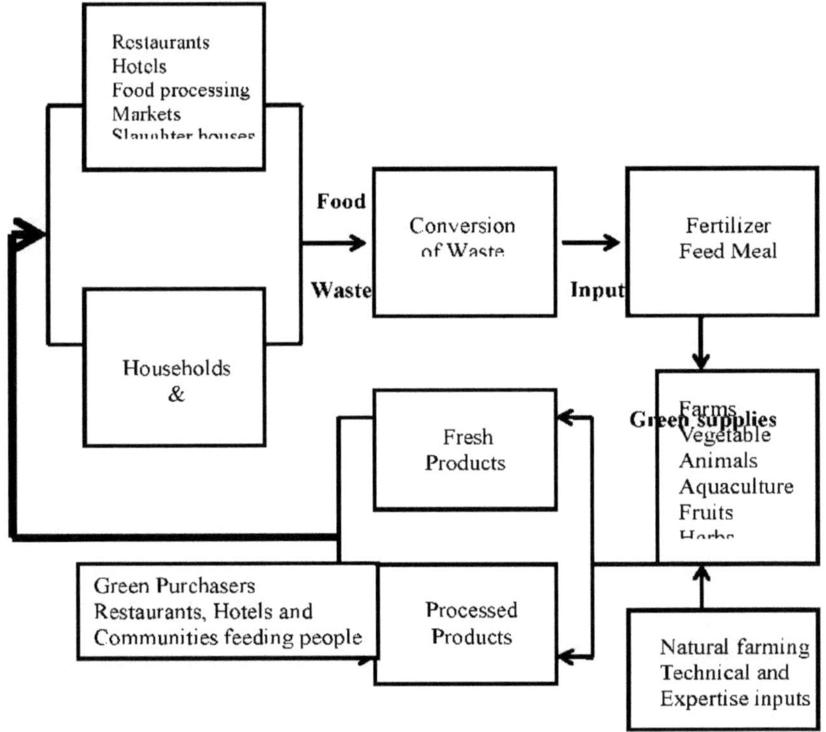

Produtividade verde

Os governos aperceberam-se de que as medidas de produtividade verde, como a redução, a reciclagem, a reutilização e a recuperação, são elementos essenciais na gestão dos resíduos sólidos como forma de controlar a rápida taxa de crescimento dos resíduos nas cidades. No entanto, a taxa de reciclagem nos países em desenvolvimento da Ásia está longe de ser satisfatória.

A baixa taxa de reciclagem pode ser atribuída a um planeamento estratégico deficiente e à aplicação e execução das políticas. A falta de bons incentivos pode também ser um dos principais factores da fraca taxa de reciclagem de resíduos. As medidas de GP para a gestão dos resíduos sólidos não só reduzem os resíduos, como também recuperam recursos úteis. Algumas cidades asiáticas têm planos a longo prazo para a produção zero de resíduos e deram passos efectivos na aplicação de medidas estratégicas para a produtividade ecológica.

Medidas estratégicas para a produtividade verde em algumas cidades asiáticas Bangladesh

O Bangladesh tornou-se membro da Organização Asiática de Produtividade (APO) em 1982. O Programa Especial para o Ambiente (SPE) foi criado em 1994. O Departamento do Ambiente (ENV) foi criado para promover a produtividade verde e outros projectos ambientais. No entanto, a expressão Produtividade Verde (PG) não é comummente conhecida ou utilizada no Bangladesh pelos decisores políticos. A campanha e o acompanhamento da APO criaram uma sensibilização geral a nível governamental. Os principais ministérios do governo, como o Ministério da Indústria (MoI), o Ministério do Ambiente e das Florestas (MoEF), o Ministério do Governo Local, do Desenvolvimento Rural e das Cooperativas (LGRD & C), bem como outros ministérios, estão a ser informados do conceito de GP e das suas políticas (APO 2005).

República da China

Desde 1997, a EPA tem estado a promover a utilização generalizada do "Sistema de Reciclagem 4 em 1" na China. O programa para a implementação deste sistema envolve quatro partes: comunidades locais, organizações de gestão de reciclagem, equipas governamentais de tratamento de lixo e a Fundação de Reciclagem da EPA.

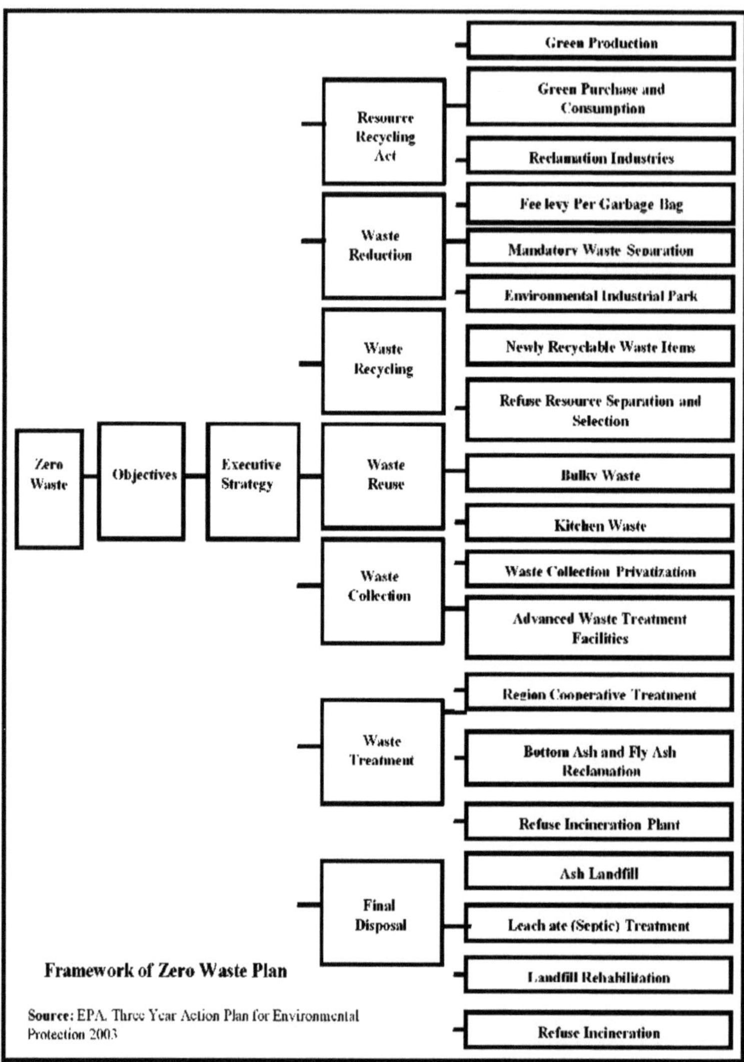

O objetivo é implementar eficazmente a minimização e a reciclagem de resíduos abrangentes do país e incentivar uma maior participação do público. Os resíduos gerais recicláveis, regulamentados no Sistema de Reciclagem 4 em 1, estão classificados em 15 categorias e podem ser divididos em 32 artigos, incluindo os seguintes Recipientes de papel (incluindo embalagens de folha de alumínio); Pneus; Acumuladores de chumbo-ácido; Recipientes de plástico (PET, PE, PVC, PP, PS); Lubrificantes; Recipientes ferrosos; Recipientes de alumínio; Recipientes de vidro; Recipientes de pesticidas; Electrodomésticos (televisores, máquinas de lavar roupa, frigoríficos, aparelhos de ar condicionado e aquecedores); Computadores e periféricos; Baterias de célula seca; Material de embalagem; Veículos móveis (sedans, scooters); Lâmpadas fluorescentes (apenas tubo reto) (APO 2005).

Analysis of Reuse and Recycling rate of General Waste in Republic of China		
Reuse and recycling rate	**No. of Cities/ Countries**	**City/ County** **Reuse and Recycling rate**
Above 20 %	2	Taipei city (25.77) Taichung city (22.94)
12%-20%	14	Kaohsiung city (17.29) Yunlin County (13.66) Keelung city (16.97) Kaohsiung County (12.91) Tainan city (17.28) Hualien County (12.60) Hsinchu city (12.93) Taitung County (17.18) Ilan County (15.04) Penghu County (18.42) Nantou County (12.29) Kinmen County (13.47) Changhua County (12.88) Matsu (12.21)
Below 12%	9	Chiaiyi (7.81) Taichung County (11.67) Taipei County (11.07) Chiai County (8.61) Taoyuan County (11.98) Tainan County (9.41) Hsinchu County (9.02) Pingtung County (5.36) Miaoli County (10.17)

Fonte: Plano de Ação Trienal da EPA para a Proteção do Ambiente 2003

Índia

A minimização dos resíduos através da reutilização e da reciclagem é uma das principais actividades da gestão de resíduos sólidos na Índia. Existe um sector informal próspero de apanhadores de trapos/kabaries, que minimiza cerca de 10% do total de resíduos através da reciclagem. O sistema municipal lida com 60% dos resíduos produzidos (100 000 toneladas por dia) na Índia. A produção aproximada de gases com efeito de estufa é de 7.500 toneladas por dia, com um teor de carbono nos resíduos de 20-25% em peso.

Caixa 7

Produção de gases com efeito de estufa a partir de resíduos sólidos urbanos na Índia

- Produção total de resíduos sólidos 100.000 MT/dia
- Teor de carbono nos resíduos 20-25 % em peso
- Na biometanização, 50% do gás é convertido em CO_2 e o restante é convertido em CH.
- Produção total de gases com efeito de estufa 7.500 MT/dia
- Produção de gases com efeito de estufa = 100 000x (20/100)x (12/16)

Na biometanação, 50 por cento do gás é convertido em CO_2 e o restante em CH_4 (APO 2005). Para melhorar o desempenho ambiental da gestão dos resíduos sólidos, o Governo da Índia criou regimes de incentivo a nível central.

Existing and Future State of Green Productivity in India						
Population of cities (in millions)	**No. of cities**	**Existing processing in MT**			**New landfills planned**	
		Composting	**Bio-methanation**	**Waste to energy**	**No.**	**Model**
Above 10	3	1235	10	0	5	Based
2-10	10	812	0	400	9	on PPP
1-2	22	340	60	250	24	model

Fonte: APO 2005

Um regime de reembolso das despesas de aquisição de certificações do sistema de gestão da qualidade (ISO 9001) e do sistema de gestão ambiental (ISO 14001) no sector das pequenas empresas até 75% do custo de certificação de INR 75 000, se este for inferior. O Ministério das Fontes de Energia Não Convencionais oferece incentivos aos empresários para a criação de instalações de transformação de resíduos sólidos em combustível/recuperação de energia.

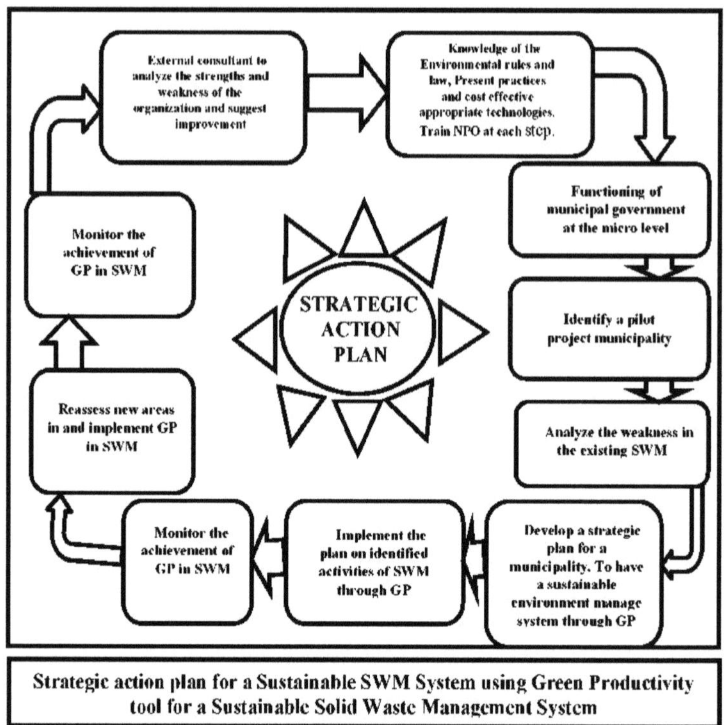

Strategic action plan for a Sustainable SWM System using Green Productivity tool for a Sustainable Solid Waste Management System

Malásia

A Malásia está empenhada em minimizar os resíduos, bem como em instituir uma gestão e eliminação organizadas. As autoridades locais, com a ajuda de organismos internacionais, conduziram projectos-piloto de reciclagem. A Agência Japonesa de Cooperação Internacional (JICA), em conjunto com o Ministério da Habitação e da Administração Local, realizou um estudo sobre a minimização de resíduos em 2004.24 No que respeita à reciclagem, os programas governamentais concertados só começaram no início da década de 1990 e a primeira campanha oficial de reciclagem foi lançada em outubro de 1991, em Shah Alam, Selangor, pelo Ministro da Habitação e da Administração Local.

Vinte autoridades locais foram identificadas como as principais agências de promoção da reciclagem (APO 2005).

Solid Waste Management Zones in Malaysia	
Zone	States
Northern Zone	Perlis, Kedah, Penang, Perak
Central Zone	Selangor, Pahang, Trengganu, Kelantan, Kuala Lumpur and Putrajaya
Southern Zone	Negri, Sembilan, Malacca, Johare
Eastern Zone	Sabah, Sarawak

Fonte: APO 2005

Nepal

A maior parte dos resíduos produzidos no Nepal é reciclada com recurso a tecnologias simples. Alguns municípios, como Bhaktapur e Kathmandu, iniciaram programas de compostagem e alguns municípios, como Hetauda, estão envolvidos em actividades de reciclagem de plásticos. Centenas de sucateiros, que estão espalhados por todo o Nepal urbano, recolhem resíduos inorgânicos recicláveis, como metais, plásticos, papel e vidro, e convertem-nos em matérias-primas através da sua transformação. Este processo inclui a triagem, a limpeza, a redução de tamanho, se necessário, e a embalagem. Os materiais são depois enviados para fábricas no Nepal e na Índia para serem reciclados. Só do Vale de Katmandu são exportadas quase 3.000 toneladas/mês de materiais recicláveis, contribuindo anualmente com cerca de NPR371 milhões para o rendimento nacional No Vale de Katmandu, as casas costumavam ter um Saaga, que significa literalmente "fossa de compostagem" na língua Newari. Os resíduos domésticos, a maioria dos quais de natureza orgânica, costumavam ser depositados nas Saagas. A Corporação Municipal de Kathmandu (KMC) criou uma Unidade de Mobilização Comunitária (CMU) no seu Departamento do Ambiente e iniciou vários programas inovadores para aumentar a sensibilização para a gestão dos resíduos sólidos urbanos e mobilizar as comunidades locais, especialmente as mulheres e as crianças, para participarem em actividades relacionadas com a gestão dos resíduos. Foi dada especial atenção à compostagem e à reciclagem (APO 2005).

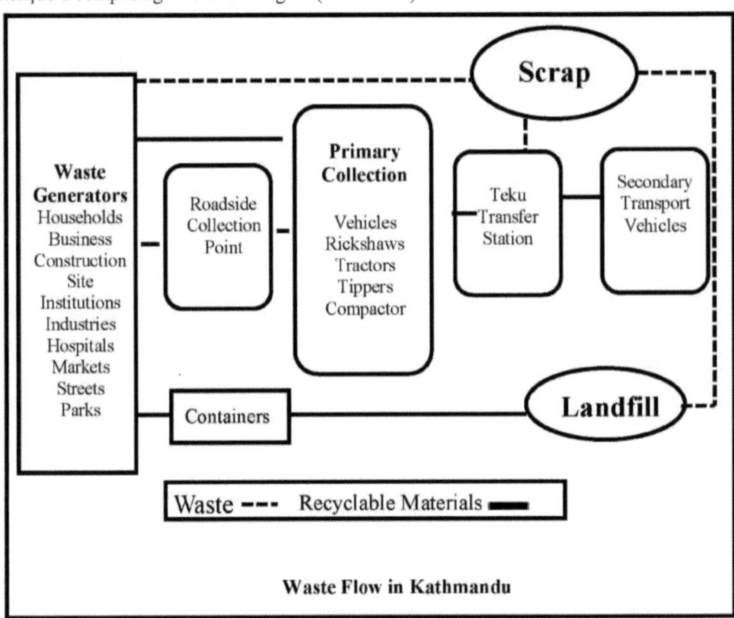

Singapura

O principal desafio na gestão dos resíduos sólidos em Singapura é minimizar outra possível "explosão de resíduos" semelhante à que o país viveu entre as décadas de 1970 e 1990. Singapura colocou uma nova tónica na minimização e reciclagem de resíduos como solução a longo prazo para resolver o problema da eliminação de resíduos. Em 2003, cerca de 47% dos resíduos foram reciclados, principalmente pelos sectores industrial e comercial, dado que os seus resíduos são de natureza mais homogénea e produzidos em maior quantidade. Singapura estabeleceu os seguintes objectivos para melhorar a gestão dos resíduos sólidos: i. Aumentar a taxa global de reciclagem para 60% até 2012, ii. Prolongar a vida útil do aterro de Semakau para 50 anos e esforçar-se por atingir o objetivo de "aterro zero", e iii. Reduzir a necessidade de construir novas instalações de incineração. Foram realizados progressos significativos na reciclagem de resíduos nos sectores industrial e comercial. Por exemplo, a indústria eletrónica é uma indústria importante em Singapura e o seu crescimento resultou num aumento dos resíduos electrónicos. Estes resíduos são recolhidos e processados por uma empresa de reciclagem que recupera os materiais. A madeira é outro fluxo de resíduos que tem tido um bom sucesso na reciclagem. Uma grande parte dos resíduos de madeira é reutilizada para produzir caixas e paletes de madeira ou transformada em madeira reciclada. Os resíduos de horticultura provenientes da manutenção de árvores e plantas em parques e ao longo das estradas são reciclados em composto. Está a ser criada uma nova instalação de reciclagem para transformar os resíduos de horticultura em carvão vegetal (APO 2005).

Sri Lanka

A gestão dos RSU é um problema crescente no Sri Lanka. Tem uma relação direta com a urbanização e a industrialização. Uma estratégia eficiente de gestão de resíduos sólidos urbanos no Sri Lanka inclui a integração de actividades de uma forma economicamente viável. As estratégias integradas de gestão de resíduos sólidos urbanos que consistem na redução, reutilização e reciclagem de resíduos e na sua eliminação final de uma forma correta podem ser desenvolvidas através da combinação de várias autoridades locais, em função da quantidade e do tipo de resíduos produzidos. Os principais objectivos desta estratégia devem ser os seguintes

➢ Dar prioridade à prevenção de resíduos em detrimento da reciclagem, e à reciclagem em detrimento de outras formas de eliminação ambientalmente correta.

➢ Reutilizar, na medida do possível, os resíduos inevitáveis.

➢ Manter o teor de substâncias perigosas nos resíduos ao nível mais baixo possível.

➢ Garantir o tratamento e a eliminação ambientalmente corretos dos resíduos como requisitos básicos para a existência humana.

Para além disso, deve também abordar as seguintes funções.

➢ Legislação, incentivos o papel do governo;

➢ Aplicação da lei: necessidade de parcerias e interações multissectoriais na gestão dos resíduos sólidos;

➢ Mecanismo institucional de investigação e desenvolvimento para a aplicação da estratégia nacional de gestão dos resíduos sólidos;

➢ Participação do sector privado educação e sensibilização e

➢ Participação comunitária

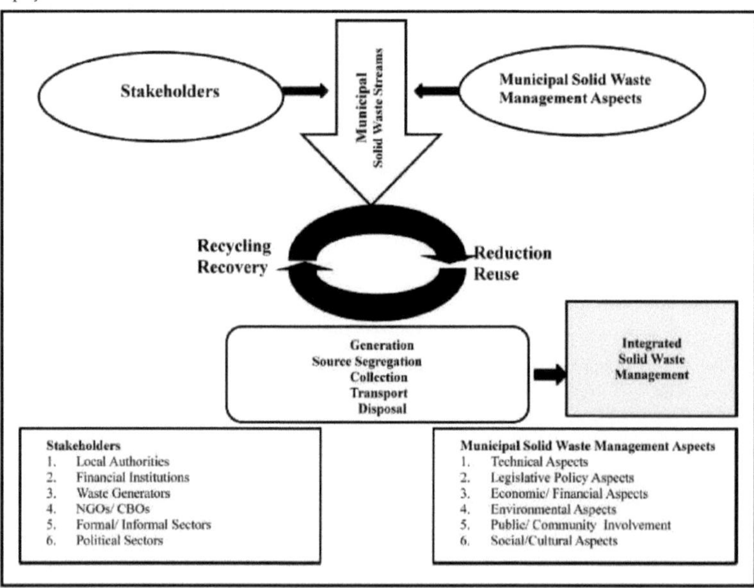

Gestão integrada dos resíduos sólidos (ISWM) no Sri Lanka

Em Colombo, a separação na fonte foi iniciada em 1999 em 35 casas de um bairro municipal como projeto-piloto. Mais tarde, foi decidido selecionar cerca de 600 casas de três bairros municipais para o projeto e, em 2001, começou a distribuir sacos designados para cada casa selecionada. Antes de distribuir os sacos, foi efectuado um programa de sensibilização para cada agregado familiar. Depois destas 600 casas, a divisão SWM decidiu alargar o projeto a mais 5 000 casas. Este projeto foi iniciado no bairro de Thimbirigasyaya e depois alargado a mais dois bairros. Está agora a ser alargado a mais duas zonas. Além disso, em 1 de março de 2004, foi iniciado outro projeto no bairro municipal de Kirillapone para a compostagem doméstica e a recolha de artigos recicláveis, como papel, plástico, polietileno e vidro.

Caixa: 8
Estratégias identificadas para a melhoria da gestão dos resíduos sólidos

- Incentivar a gestão participativa.
- Reforçar o sistema institucional
- Promover os 3 Rs (reduzir, reutilizar, reciclar)
- Melhorar a educação e a sensibilização do público
- Melhorar o sistema técnico de gestão de resíduos sólidos
- Promover o sistema de tratamento do lixo
- Melhorar a unidade central de compostagem e a eliminação final

Esta medida está a ser introduzida em 4.500 casas. Além disso, a separação está a ser feita nas áreas contratadas e foi introduzida em 2.000 casas. O pessoal da Câmara Municipal de Colombo conseguiu construir um edifício para armazenar artigos recicláveis no início de 2004, vendendo os artigos recicláveis já recolhidos (APO 2005).

Caixa 9
Deposição em aterro

A deposição em aterro é um processo pelo qual os resíduos são colocados num aterro de forma planeada. Consiste essencialmente em

(a) Colocação dos resíduos recebidos numa célula de aterro utilizando diversos equipamentos como tractores, bulldozers, etc;

(b) Compactação de resíduos e

(c) Uma cobertura diária (solo, detritos, etc.) sobre os resíduos para evitar moscas, aves e odores. A deposição em aterro é uma operação técnica que requer conhecimentos especializados e equipamento adequado (como bulldozers ou compactadores). Com uma compactação adequada, é possível depositar muito mais resíduos por unidade de terreno. Numa instalação bem concebida e explorada, os resíduos podem ser depositados a uma altura de até 50 metros, oferecendo assim uma enorme capacidade de eliminação de resíduos por unidade de área de terreno.

Um aterro pode ser desenvolvido em terrenos planos ou inclinados, em pedreiras abandonadas, ou mesmo numa lixeira existente. Os municípios são responsáveis pelo desenvolvimento de aterros seguros para satisfazer as suas necessidades de eliminação. O gás de aterro contém metano e dióxido de carbono, para além de pequenas quantidades de outros gases. O metano é inflamável e pode provocar incêndios ou explosões. Por conseguinte, na maioria dos aterros seguros, este gás é recolhido e queimado de forma controlada ou utilizado para gerar eletricidade. O gás é libertado durante um longo período de tempo à medida que os resíduos se degradam. Consequentemente, as emissões de gás dos aterros devem ser monitorizadas durante muitos anos, mesmo depois de os locais terem deixado de aceitar resíduos.

CAIXA 10
Aterro sanitário seguro

Um aterro seguro é uma instalação projectada para a eliminação segura de resíduos. Por "aterro" entende-se a eliminação de resíduos sólidos residuais em terra, numa instalação concebida com medidas de proteção contra a poluição das águas subterrâneas, das águas superficiais e do ar, incluindo o controlo das poeiras, do lixo arrastado pelo vento, dos maus cheiros, dos riscos de incêndio, da ameaça das aves, das pragas ou roedores, das emissões de gases com efeito de estufa, da instabilidade dos taludes e da erosão. Trata-se de um local onde as entidades urbanas podem levar os resíduos para serem enterrados e compactados de forma a garantir o confinamento seguro e a degradação dos resíduos ao longo de um período de tempo, acabando por se tornar parte da natureza. O aterro sanitário seguro é desenvolvido em fases ou células. O aterro é efectuado numa determinada célula, uma vez preenchida a capacidade da célula é fechada e o aterro começa numa nova célula.

CAIXA 11
Aterros sanitários seguros na Índia

Existem apenas alguns aterros na Índia que surgiram após a aplicação das Regras relativas aos resíduos sólidos urbanos de 2000. Os primeiros aterros sanitários seguros na Índia foram construídos por volta de 2004-05 em cidades como Navi Mumbai, Bangalore, Surat e Ahmedabad. O facto de as normas não estarem devidamente regulamentadas é uma causa de poluição grave. Atualmente, estão a ser construídos vários aterros sanitários em todo o país, não só nos metropolitanos mas também em cidades mais pequenas como Gwalior, Chandigarh e Dehradun. É possível tornar os aterros sanitários seguros mais económicos e eficientes em termos de utilização dos solos através do desenvolvimento de aterros sanitários regionais. Num país como a Índia, é extremamente difícil para cada pequena cidade desenvolver o seu próprio aterro seguro separado. Não dispõem dos recursos financeiros e humanos necessários, nem é viável encontrar terrenos para desenvolver tantos aterros. A maior parte dos países do mundo enfrentou este desafio desenvolvendo aterros regionais.

CAIXA 12
Deposição em aterro regional

Um aterro regional refere-se a um aterro comum para um conjunto de municípios. Permite o desenvolvimento de instalações únicas e de grande dimensão em vez de muitos pequenos aterros espalhados pela paisagem. Um único aterro regional pode servir até 15-20 municípios. Os aterros regionais estão a ser utilizados não só em países desenvolvidos como os Estados Unidos, o Reino Unido, a Alemanha, a Suécia e a Polónia, mas também em países em desenvolvimento como a Argentina, o Brasil, o México, a Palestina e o Egito. Na Índia, esta abordagem está a ser adoptada nos Estados de Gujrat, Bengala Ocidental e Andhra Pradesh; outros Estados, como Tamil Nadu, Kerala e Maharashtra, estão também a considerar a adoção desta abordagem. Por serem de grandes dimensões, os aterros regionais oferecem várias vantagens:

> Redução significativa dos custos de construção e de exploração por tonelada de resíduos (até 60-80%).
> Partilha de costas fixas entre um grande número de municípios.
> Melhor qualidade das operações utilizando equipamento moderno (normalmente utilizável apenas em grandes instalações)
> Contratação de profissionais especializados adequados.
> Desenvolvimento de uma cintura verde adequada à volta da instalação para servir de barreira visual.
> Redução significativa da necessidade de terreno por tonelada de resíduos, uma vez que o terreno é grande. É possível depositar em aterros a uma altura superior a 40-50 metros e, nalguns casos, até mesmo superior.

Aterro municipal seguro

Os resíduos sólidos urbanos incluem os resíduos comerciais e residenciais produzidos numa área municipal ou notificada. Por regulamento, os aterros sanitários municipais podem também receber resíduos sólidos industriais não perigosos. Os detritos de construção e demolição também podem ser depositados em aterros ou utilizados em substituição da cobertura diária do solo. No entanto, os resíduos industriais perigosos e os resíduos biomédicos não podem ser depositados em aterros municipais seguros, para os quais são necessários aterros separados, em conformidade com um conjunto diferente de leis, tal como mencionado nas regras relativas aos resíduos biomédicos (gestão e manuseamento) de 1998 e nas regras relativas aos resíduos perigosos (gestão e manuseamento) de 1989. De acordo com as regras relativas aos resíduos sólidos urbanos de 2000, a deposição em aterro deve ser limitada aos resíduos inertes não biodegradáveis e a outros resíduos que não sejam adequados para reciclagem ou para transformação biológica. A deposição em aterro deve também ser efectuada para os resíduos das instalações de processamento de resíduos, bem como para os rejeitados de processamento dessas instalações de resíduos. No entanto, as regras também estipulam que a deposição em aterro de resíduos mistos pode ser efectuada se os mesmos forem considerados inadequados para o processamento de resíduos ou até à instalação de instalações alternativas.

CAPÍTULO 6

Legislação sobre resíduos sólidos

ESFORÇOS LEGISLATIVOS NA ÍNDIA

Os esforços legislativos para o controlo da poluição na Índia remontam a meados do século XIX. Muitas destas leis tratavam da regulamentação ambiental de uma forma ineficaz para reduzir os níveis de poluição. A série de actos legislativos do período pós-independência apenas tratava da poluição. Talvez inspirada pela Declaração de Estocolmo de 1972, a Lei da Água (Prevenção e Controlo da Poluição) de 1974 institucionalizou o mecanismo de controlo da poluição, criando conselhos de prevenção e controlo da poluição da água. Estes conselhos tinham o direito de atuar contra a violação da legislação ambiental. A Water Cess Act, de 1977, complementou a Water Act, especificando que as indústrias devem pagar uma taxa sobre o seu consumo de água. Com a aprovação da Lei do Ar (Prevenção e Controlo da Poluição) de 1981 (Lei do Ar), sentiu-se a necessidade de uma abordagem integrada do controlo da poluição. A tragédia de Bhopal, em 1984, precipitou o reforço da regulamentação ambiental. Em 1985, o Departamento do Ambiente passou a ser o Ministério do Ambiente e das Florestas (MoEF), tendo-lhe sido atribuídos maiores poderes. Foi aprovada a Lei do Ambiente (Proteção) de 1986 (EPA), que funcionou como legislação de enquadramento. As regras relativas ao ambiente (proteção) de 1986 foram posteriormente notificadas para facilitar o exercício dos poderes conferidos aos conselhos de administração pela lei. A EPA identifica o MoEF como o principal órgão de decisão política no domínio da proteção do ambiente. A EPA de 1986 e as alterações às leis do ar e da água em 1987 e 1988 alargaram o âmbito das funções do conselho.

Diretivas constitucionais

Em termos de disposições constitucionais, a 42ª Emenda de 1976 impôs, pela primeira vez, a obrigação de o Estado (artigo 48º-A) e os cidadãos (artigo 51º-A, alínea g)) se esforçarem por proteger e melhorar o ambiente e salvaguardar as florestas e a vida selvagem do país. As reformas económicas de 1991, a Conferência do Rio de 1992 e a crescente sensibilização para as questões ambientais deram origem a novas alterações à Constituição.

Papel do poder judicial

O Supremo Tribunal e os tribunais superiores têm desempenhado um papel ativo na aplicação das disposições constitucionais e legislativas relacionadas com a proteção do ambiente. O direito fundamental à vida e à liberdade pessoal, consagrado no artigo 21º da Constituição, foi interpretado pelos tribunais de modo a incluir o direito a um ar e a uma água sem poluição. A aplicação de regras estritas facilitou os litígios de interesse público, eliminando a dificuldade de os indivíduos recorrerem aos tribunais para obterem reparação. Este facto foi demonstrado pelas manifestações e protestos públicos ao longo das décadas de 1970 e 1980 e pelo aumento da frequência dos litígios de interesse público.

Quadro regulamentar nacional para a gestão dos resíduos sólidos (SWM)

Na Índia, os municípios têm a responsabilidade geral pela gestão dos resíduos sólidos urbanos nas suas cidades. No entanto, a maior parte deles não consegue cumprir o seu dever de assegurar formas ambientalmente corretas e sustentáveis de lidar com a produção, recolha, transporte, tratamento e eliminação de resíduos. O fracasso da gestão dos resíduos sólidos urbanos (RSU) resultou em graves problemas de saúde e degradação ambiental. A legislação estatal e as leis locais regem as autoridades municipais em matéria de recolha, transporte e eliminação de resíduos. Além disso, a tónica não é colocada nos sistemas de recolha, especialmente na recolha porta-a-porta, no tipo adequado de armazenamento de resíduos e não menciona aspectos do tratamento de resíduos ou dos aterros sanitários. Assim, a maior parte da legislação estatal, com exceção da de Kerala, não preenche os requisitos para um serviço eficiente de gestão de resíduos sólidos urbanos.

Em 1996, foi apresentado um litígio de interesse público no Supremo Tribunal (Pedido Civil Especial n.º 888 de 1996) contra o Governo da Índia, os governos estaduais e as autoridades municipais por não terem cumprido o seu dever de gerir adequadamente os RSU. O Supremo Tribunal nomeou então um comité de peritos para analisar todos os aspectos da gestão dos resíduos sólidos urbanos e fazer recomendações para melhorar a situação. Foi em março de 1999 que a comissão apresentou um relatório final ao Supremo Tribunal. O relatório incluía recomendações pormenorizadas sobre as medidas a tomar pelas cidades da classe 1, pelos governos estaduais e pelo governo central para resolver todas as questões da gestão dos resíduos sólidos urbanos. O Ministério do Ambiente e das Florestas foi instruído para emitir regras relativas à gestão e ao tratamento dos RSU. Assim, em setembro de 2000, o ministério emitiu as Regras de Resíduos Sólidos Municipais (Gestão e Manuseamento) de 2000 ao abrigo da Lei de Proteção do Ambiente de 1986. Seguem-se algumas das várias medidas adoptadas pelo Governo da Índia para melhorar a gestão dos resíduos sólidos:

> *Comité Nacional de Gestão de Resíduos:* Foi constituído em 1990 com o objetivo de identificar o conteúdo dos materiais recicláveis nos resíduos sólidos recolhidos pelos catadores de lixo através dos Kabariwallas.

> *Documento de estratégia:* O Ministério do Desenvolvimento Urbano, em colaboração com o Instituto Nacional de Investigação em Engenharia Ambiental (NEERI), formulou documentos de estratégia e foi-lhe pedido que preparasse um manual sobre gestão de resíduos sólidos.

> *Documento de orientação:* O Ministério do Desenvolvimento Urbano, em associação com o Instituto Central de Saúde Pública e Engenharia Ambiental, preparou uma política para a eliminação de águas residuais, saneamento, gestão de resíduos sólidos e serviços de drenagem.

> *Plano diretor dos resíduos sólidos urbanos:* O Ministério do Ambiente e das Florestas, o Conselho Central de Controlo da Poluição e as autoridades municipais elaboraram uma estratégia e um plano diretor para a gestão dos resíduos sólidos, incluindo os resíduos biomédicos.

> *Comité de Alto Nível:* Em 1995, foi constituído um comité de alto nível, presidido pelo Dr. Bajaj, para sugerir uma estratégia a longo prazo para a recolha, o carregamento, o transporte, a compostagem, o tratamento e a eliminação dos resíduos sólidos, utilizando tecnologias adequadas. Muitas leis e regulamentos relativos à proteção do ambiente foram descritos na secção intitulada "Quadro regulamentar nacional em matéria de ambiente". As regras relativas à gestão dos resíduos sólidos são as seguintes:

> *Regras sobre resíduos perigosos (gestão e manuseamento) (1989, alteradas em janeiro de 2003):* Estas regras tratam do controlo da produção, recolha, tratamento, eliminação, importação, armazenamento, transporte e manuseamento de resíduos perigosos.

> *Regras sobre resíduos biomédicos (gestão e manuseamento) (1998):* Estas regras são juridicamente vinculativas para as instituições de cuidados de saúde, a fim de racionalizar o processo de manuseamento adequado (segregação, recolha, tratamento e eliminação) dos resíduos hospitalares.

> *Regras relativas aos resíduos sólidos urbanos (gestão e manuseamento), 2000:* Estas regras tratam da gestão científica dos resíduos sólidos urbanos, assegurando a recolha, separação, armazenamento, transporte, processamento e eliminação adequados dos resíduos sólidos urbanos.

> The *Batteries (Management and Handling) Rules, 2001:* Estas regras aplicam-se a todos os fabricantes, importadores, reacondicionadores, montadores, comerciantes, recicladores, leiloeiros, consumidores e consumidores a granel envolvidos no fabrico, processamento, venda, compra e utilização de pilhas ou dos seus componentes.

Além disso, as Regras Municipais de Resíduos Sólidos (Gestão e Manuseamento) (2000) e o relatório dos comités Burman sobre o estado da gestão dos resíduos sólidos nas cidades da Classe I indicavam claramente as medidas para melhorar as práticas de gestão dos resíduos sólidos. As medidas são as seguintes: proibir a deposição de lixo na rua, organizar um sistema de recolha de resíduos, realizar programas de sensibilização, fornecer instalações de armazenamento comunitário adequadas e caixotes de lixo com códigos de cores, promover a separação na fonte, veículos de transporte cobertos, processar os resíduos através de tecnologias adequadas, incluindo a compostagem, a reciclagem e a recuperação de materiais. As disposições das Regras Municipais de Resíduos Sólidos (Gestão e Manuseamento) de 2000 e das Regras de Resíduos Perigosos (Gestão e Manuseamento) proporcionam vias para a reciclagem e reutilização de resíduos. Para a minimização dos resíduos, o governo e os ministérios oferecem os seguintes incentivos: subvenções financeiras para converter os resíduos em energia ou compostagem, terrenos para esses projectos com uma taxa de licença muito simbólica e terrenos a uma taxa subsidiada para as indústrias de reciclagem.

QUADRO POLÍTICO E LEGISLATIVO PARA A GESTÃO DOS RESÍDUOS SÓLIDOS URBANOS NA ÍNDIA

O Ministério do Ambiente e das Florestas notificou a Regra relativa aos Resíduos Sólidos Municipais (Gestão e Manuseamento) de 2000, ao abrigo da Lei do Ambiente (Proteção) de 1986, para gerir os Resíduos Sólidos Municipais (RSU) produzidos no país. De acordo com esta regra, existem disposições específicas para a recolha, separação, armazenamento, transporte, transformação e eliminação dos RSU. Além disso, estabelece-se que todos os resíduos sólidos urbanos produzidos numa cidade ou vila devem ser geridos e tratados de acordo com os critérios de conformidade e o procedimento estabelecido no Anexo II da regra.

No âmbito do quarto plano quinquenal (1969-74), o Governo da Índia iniciou esforços para criar melhores instalações para a gestão dos resíduos sólidos urbanos (RSU), concedendo subvenções e empréstimos aos governos estaduais para a criação de instalações de compostagem de RSU. Mais tarde, em 1975, o governo nomeou um comité de alto nível para analisar o problema dos resíduos sólidos urbanos na Índia. Durante o ano de 19751980, no âmbito do plano nacional de eliminação de resíduos sólidos, foram criadas 10 unidades de compostagem mecânica com capacidades de processamento que variam entre 150 e 300 toneladas de RSU por dia, em várias cidades indianas com populações superiores a 300 000 habitantes (GoI, 1995; Hoornweg et al., 2000). Atualmente, a maior parte destas unidades não está operacional e as restantes não funcionam em pleno devido à falta de separação dos resíduos, a uma manutenção deficiente, a custos de produção elevados e a esforços de comercialização deficientes (Selvam, 1996). O comité salientou ainda que este regime falhou principalmente devido a um planeamento inadequado, à utilização de tecnologia inapropriada e a uma gestão deficiente (GOI, 1995). No entanto, nos últimos anos, alguns projectos de compostagem centralizados e descentralizados em diferentes cidades foram reavivados por muitos indivíduos, grupos de voluntários, grupos comunitários, organizações não governamentais (ONG), agências governamentais e empresas privadas. Zurbru'gg et al. (2003, 2004) avaliaram a configuração técnica, operacional, organizacional, financeira e social de várias instalações de compostagem descentralizada em diferentes cidades da Índia. Os autores sugeriram que, tendo em conta os benefícios económicos e ambientais, a compostagem poderia ser uma opção viável de gestão de resíduos em cidades grandes e pequenas da Índia. Em 1990, o Conselho Nacional de Gestão de Resíduos (NWMC) foi constituído pelo Ministério do Ambiente e das Florestas (MoEF) e um dos seus objectivos era a gestão dos resíduos sólidos urbanos (UNEP, 2001). O NWMC aconselhou 22 municípios num inquérito para estimar a quantidade de resíduos recicláveis e o seu destino durante a recolha, o transporte e a eliminação de resíduos. Em 1993, o NWMC constituiu um grupo de trabalho nacional para a gestão dos resíduos de plástico com o objetivo de sugerir medidas para minimizar os impactos adversos no ambiente e na saúde decorrentes da reciclagem de plásticos. Com base nas recomendações deste grupo de trabalho, em 1998, o MoEF apresentou um projeto de regras sobre a utilização de plástico reciclado, que proíbe a armazenagem, o transporte e a embalagem de produtos alimentares em sacos de plástico reciclado e especifica as normas de qualidade para o fabrico de sacos de plástico reciclado. O surto de uma epidemia em Surat, em 1994, serviu de alarme para o Governo da Índia e para os residentes do país, pois reflectia a magnitude dos impactos de uma gestão inadequada dos resíduos sólidos urbanos. Consequentemente, em 1995, foi constituída uma comissão de alto nível (comissão Bajaj) para analisar a gestão dos resíduos sólidos urbanos. Esta comissão apresentou uma série de sugestões, incluindo a necessidade de segregação na fonte; recolha e transporte porta-a-porta com base na comunidade, cobrança de taxas de utilização, normalização da conceção dos veículos municipais de transporte, necessidade de compostagem de resíduos e utilização de tecnologias adequadas para o tratamento e eliminação de resíduos. Em janeiro de 1998, foi constituído um outro comité de peritos (Comité Asim Burman), sob a égide do Supremo Tribunal da Índia, para identificar deficiências e fazer recomendações para melhorar a gestão dos resíduos sólidos nas cidades da classe I. Depois de analisar todos os aspectos da gestão dos resíduos sólidos, o comité apresentou as suas recomendações pormenorizadas em 1999. Para garantir a conformidade, as principais recomendações destes comités foram incorporadas nas regras relativas aos resíduos sólidos urbanos (gestão e manuseamento) de 2000, notificadas pelo MoEF em 2000. De acordo com as regras relativas aos resíduos sólidos urbanos de 2000, os organismos municipais locais são responsáveis pela aplicação das disposições dessas regras e por qualquer desenvolvimento de infra-estruturas para a recolha, armazenamento, separação, transporte, transformação e eliminação dos resíduos sólidos urbanos. As regras exigem que os resíduos biodegradáveis sejam processados através da adoção de uma combinação adequada de sistemas de processamento (compostagem, vermicompostagem, digestão anaeróbica, paletização, etc.) e que a deposição em aterro se limite apenas a resíduos não biodegradáveis, inertes e outros resíduos adequadamente biológicos.

Acts and Rule of Municipal Solid Waste Management		
Acts and Rule	**Description**	**Source**
Municipal Solid Waste (Management and Handling) Rules,2000	Set criteria and procedure for municipal authorities for collection, segregation, storage, transportation, processing and disposal of MSW. The criteria and procedure for management and handling of MSW are specified in Schedule II, specifications for landfill sites in Schedule II and setting up of waste processing facilities with the adoption of appropriate technology in Schedule IV	MOEF, Government of India
The Delhi plastic bag (Manufacture, Sales and Usage) and Non-Biodegradable Garbage (Control) Act, 2000	Prevents manufacturing, sales etc. of recycled plastic bags for food packaging and prohibits throwing or deposing non- biodegradable garbage in public drains, roads and open place.	Legislative Assembly of the national capital Territory of Delhi
Hazardous Wastes (Management and Handling) Rules, 1989 and Amendment Rules, 2000 and 2003	Specify the process, hazardous waste constituents, concentration limits and waste applicable for import and export. The different categories of hazardous waste are mentioned in Schedule V.	MOEF, Government of India
The Bio-Medical Waste (Management and Handling) Rules. 1998 and Amendment Rules, 2003	Recommended treatment and disposal options according to the 10 different categories of bio medical waste generated are defined in Schedule I of the rules. Standards for the treatment technologies are given in Schedule V.	MOEF, Government of India
Delhi Municipal Corporation Act, 1957	The provision related to MSW defined under chapter 3 'Functions of the Corporations' and Chapter 7 'Sanitation and Public Health'.	Act of Parliament, Government of India

Estas regras obrigavam todas as cidades a criar instalações adequadas de tratamento e processamento de resíduos até 2003 (Asnani, 2006). Em 2000, o CPHEEO (Central Public Health Environmental Engineering Organization), sob a tutela do Ministério do Desenvolvimento Urbano, publicou um manual exaustivo sobre a gestão dos resíduos sólidos urbanos para orientação dos organismos locais urbanos (ULB) na aplicação das regras relativas aos RSU de 2000. Apesar dos esforços consistentes de diferentes organismos reguladores e das diretivas do Honorável Supremo Tribunal da Índia e, de tempos a tempos, dos organismos reguladores, a aplicação destas regras continua a ser um sonho distante. A Asnani efectuou um estudo para determinar o estado de cumprimento das regras de 2000 relativas aos RSU pelas cidades da classe 1. Os principais condicionalismos para o incumprimento são: indisponibilidade de recursos financeiros, falta de mão de obra tecnicamente qualificada, falta de sensibilização e motivação do público e não cooperação dos agregados familiares, do comércio e dos comerciantes (Asnani, 2004).

Grupo Consultivo Tecnológico para a Gestão dos Resíduos Sólidos

Em conformidade com o processo do Supremo Tribunal relativo à gestão dos resíduos sólidos e com as recomendações do comité por ele nomeado, o Ministério, após

Caixa: 15

O Supremo Tribunal da Índia sobre a gestão dos resíduos sólidos

O Sétimo Grupo de Reflexão Urbana debateu o relatório intercalar sobre a gestão dos resíduos sólidos nas cidades da classe -1. Em 1996, o Supremo Tribunal da Índia acolheu a petição escrita n.º 888 e constituiu um comité para analisar as práticas de gestão dos resíduos sólidos e identificar as deficiências do sistema existente. O comité é composto por profissionais do sector e por representantes dos ministérios competentes. O relatório apresenta recomendações específicas sobre as medidas a adotar pelos organismos locais urbanos para melhorar a gestão dos resíduos sólidos nas suas cidades. O relatório aborda três categorias de questões:

➢ Acções a realizar pelas entidades urbanas num determinado período de tempo.

➢ Opções tecnológicas disponíveis para os organismos locais para armazenamento, recolha primária, transporte, processamento e eliminação de resíduos, níveis de supervisão, normas de trabalho, tipo e número de veículos a utilizar, afetação de fundos a fazer e aspectos sanitários e jurídicos da gestão de resíduos sólidos urbanos.

➢ Intervenções que o Estado e o Governo Central podem considerar para apoiar os organismos locais urbanos nos seus esforços para melhorar as práticas de gestão de resíduos sólidos nas suas cidades.

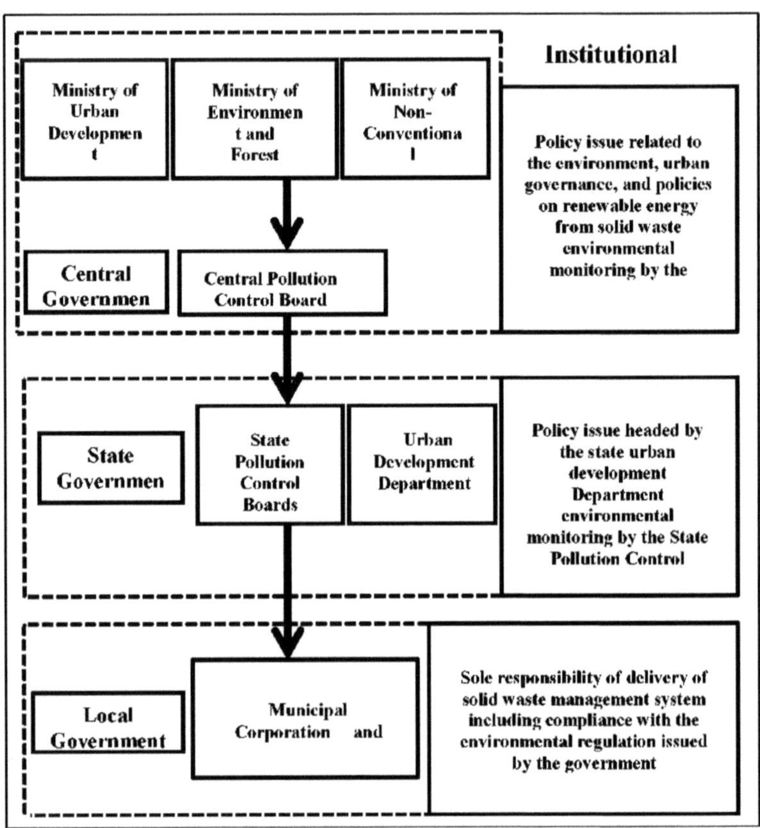

Quadro institucional na Índia

A realização de consultas interministeriais constituiu, em 1999, um Grupo de Aconselhamento Tecnológico (TAG) sobre Gestão de Resíduos Sólidos, sob a presidência do Conselheiro (PHEE), Organização Central de Saúde Pública e Engenharia Ambiental (CPHEEO), para recolher informações sobre tecnologias comprovadas, fornecer orientação técnica aos organismos locais urbanos, canalizar recursos limitados, etc.

O mandato do GTA tem uma duração de cinco anos. Tal como solicitado pelo GTA, o Ministério constituiu os três grupos de base seguintes:

➢ Tecnologias apropriadas e investigação e desenvolvimento

➢ Recursos financeiros e participação do sector privado, reforço das capacidades, desenvolvimento dos recursos humanos e informação, educação e comunicação (IEC). Os grupos centrais apresentaram os seus projectos de relatório ao GTA, que os analisou numa reunião realizada em 29 de janeiro de 2001. Os projectos de relatório deverão ser alterados e apresentados ao GTA.

Manual de Gestão de Resíduos Sólidos Urbanos

O Ministério do Desenvolvimento Urbano e do Alívio à Pobreza constituiu um Comité de Peritos composto por 15 membros, sob a presidência do Conselheiro, Organização Central de Saúde Pública e Engenharia Ambiental, para a preparação do "Manual de Gestão de Resíduos Sólidos Municipais" em fevereiro de 1998. O Comité realizou onze reuniões entre fevereiro de 1998 e janeiro de 2000 e finalizou um projeto do referido Manual. O esboço do Manual foi discutido em fevereiro de 2000 num Workshop Nacional realizado em Nova Deli para solicitar comentários dos Organismos Locais Urbanos e de outras agências interessadas, a fim de finalizar o Manual. A versão final do Manual foi impressa em maio de 2000 e está disponível como publicação a preço de custo em todos os depósitos de livros do Governo para benefício dos organismos locais urbanos.

1. Regras de gestão e manuseamento de RSU, 2000

De acordo com as Regras relativas aos RSU, 2000, cada autoridade municipal é responsável pela criação de uma instalação de tratamento e eliminação de resíduos e pela elaboração de um relatório anual. Os governos estaduais e as administrações dos territórios da União têm a responsabilidade geral pela aplicação das disposições destas regras nas cidades metropolitanas e dentro dos limites territoriais da sua jurisdição (Regras relativas aos RSU, 2000). A CPCB, os Conselhos de Estado e os outros comités devem controlar o cumprimento das normas relativas às águas subterrâneas, ao ar ambiente, à qualidade dos lixiviados e à qualidade do composto, incluindo as normas de incineração, e devem examinar a proposta tendo em consideração os pontos de vista de outras agências. De acordo com as regras de aplicação, a instalação de unidades de tratamento e eliminação de resíduos deve ser efectuada em primeiro lugar. Estas instalações devem ser monitorizadas de 6 em 6 meses. Os aterros sanitários existentes devem ser melhorados e deve ser efectuada a identificação de aterros sanitários para utilização futura. A recolha de resíduos, seja qual for o método utilizado (contentor comunitário, recolha ao domicílio, etc.), deve ser efectuada com recurso a campainhas ou a um veículo musical para alertar os cidadãos sem exceder os níveis de ruído permitidos. Os resíduos biomédicos e industriais não devem ser misturados com os RSU. As autoridades municipais devem criar e manter instalações de armazenamento de RSU que não criem condições anti-higiénicas e insalubres na zona. Os cidadãos devem ser incentivados pela autoridade municipal a separar os resíduos. Os veículos de transporte devem ser cobertos e os RSU devem ser tratados de forma a reduzir a carga sobre os aterros. Os biodegradáveis devem ser processados por compostagem e digestão anaeróbia, estando o aterro limitado aos resíduos não biodegradáveis ou inertes, ou que não sejam adequados para reciclagem. As especificações relativas à manutenção dos aterros e a várias outras técnicas de tratamento, como a compostagem, os lixiviados tratados e a incineração, constam das regras relativas aos RSU de 2000. Nenhum município ou entidade local cumpriu as diretrizes estipuladas (Regras de RSU, 2000).

O prazo para a aplicação do Anexo I das regras de 2000 já passou e o cumprimento está longe de ser efetivo. Algumas cidades e vilas nem sequer começaram a aplicar medidas que poderiam levar ao cumprimento das regras. Os mecanismos de aplicação e de sanção continuam a ser fracos. Outras cidades e vilas avançaram um pouco, por sua própria iniciativa ou devido a pressões do Supremo Tribunal, do governo estadual ou do conselho estadual de controlo da poluição. Nos termos do Anexo II das regras, as autoridades municipais foram ainda instruídas no sentido de criarem e implementarem melhores práticas de gestão de resíduos e serviços para instalações de tratamento e eliminação de resíduos.

The Four Steps of Schedule I of the 2000 Rules	
Step	**Completion Date**
Set up waste processing disposal facilities	December 2003 or earlier
Monitoring the performance of processing and disposal facilities	Once every 6 month
Improve existing landfill sites as per provisions of the rules	December 2002 or earlier
Identify landfill sites for future use and make sites ready for operation	December 2002 or earlier

Podem fazê-lo por conta própria ou através de um operador de uma instalação (tal como descrito nos quadros III e IV das regras). As normas para as instalações de tratamento e eliminação de resíduos estão definidas nas regras e as autoridades municipais são obrigadas a cumprir as especificações e as normas especificadas nos quadros III e IV. A Regra relativa aos resíduos sólidos urbanos (gestão e manuseamento) de 2000 contém disposições especiais para a recolha de resíduos sólidos urbanos, como segue:

> ***Recolha:*** É proibida a deposição de resíduos sólidos urbanos nas cidades, vilas e zonas urbanas notificadas pelos governos estaduais. Para proibir a deposição de lixo e facilitar o seu cumprimento, a autoridade municipal deve adotar as seguintes medidas, nomeadamente

i. Organizar a recolha domiciliária de resíduos sólidos urbanos através de qualquer um dos métodos, como a recolha no contentor comunitário (contentor central), a recolha domiciliária, a recolha em horários regulares previamente informados e o agendamento através do toque de campainha de um veículo musical (sem exceder os níveis de ruído permitidos);

ii. A recolha de resíduos provenientes de bairros de lata e de zonas ou localidades ocupadas, incluindo hotéis, restaurantes, complexos de escritórios e zonas comerciais; os resíduos provenientes de matadouros, mercados de carne e peixe, mercados de frutas e legumes, que são biodegradáveis por natureza, devem ser geridos de modo a serem utilizados;

iii. Os resíduos biomédicos e os resíduos industriais não devem ser misturados com os resíduos sólidos urbanos e devem seguir as regras especificadas separadamente para o efeito;

iv. Os resíduos recolhidos nas zonas residenciais e noutras zonas devem ser transferidos para o contentor comunitário através de carrinhos de contentores manuais ou outros veículos pequenos;

v. Os resíduos ou detritos de horticultura e de construção ou demolição devem ser recolhidos separadamente e eliminados de acordo com as normas adequadas. Do mesmo modo, os resíduos produzidos nas centrais leiteiras devem ser regulamentados de acordo com a legislação estatal;

vi. Os resíduos (lixo, folhas secas) não devem ser queimados;

vii. Não será permitido que os animais errantes circulem nas instalações de armazenamento de resíduos ou em qualquer outro local da cidade ou vila e serão geridos em conformidade com a legislação estatal.

viii. A autoridade municipal notificará o calendário de recolha de resíduos e o método provável a adotar para benefício público numa cidade ou vila.

ix. É da responsabilidade do produtor de resíduos evitar a deposição de lixo e assegurar a entrega dos resíduos de acordo com o sistema de recolha e separação a notificar pela autoridade municipal, de acordo com o n.º 1, ponto 2, do Programa.

> ***Segregação dos resíduos sólidos urbanos: A*** fim de incentivar os cidadãos, a autoridade municipal deve organizar programas de sensibilização para a segregação dos resíduos e promover a reciclagem ou a reutilização dos materiais segregados. A autoridade municipal deve empreender um programa faseado para assegurar a participação da comunidade na separação dos resíduos. Para o efeito, as autoridades municipais organizam reuniões regulares, com intervalos trimestrais, com representantes das associações de moradores locais e das organizações não governamentais.

> ***Armazenamento de resíduos sólidos urbanos:*** As autoridades municipais devem criar e manter instalações de armazenamento de modo a não criar condições anti-higiénicas e insalubres à sua volta. Os seguintes critérios devem ser tidos em conta ao estabelecer e manter instalações de armazenamento, nomeadamente

i. As instalações de armazenamento devem ser criadas e estabelecidas tendo em conta as quantidades de resíduos produzidos numa determinada zona e as densidades populacionais. As instalações de armazenamento devem ser colocadas de modo a serem acessíveis aos utilizadores.

ii. As instalações de armazenamento a criar pelas autoridades municipais ou por qualquer outra agência devem ser concebidas de modo a que os resíduos armazenados não fiquem expostos a uma atmosfera aberta e devem ser esteticamente aceitáveis e de fácil utilização;

iii. As instalações de armazenamento ou "contentores" devem ter um design "fácil de utilizar" para manuseamento, transferência e transporte de resíduos. Os contentores para armazenamento de resíduos biodegradáveis devem ser pintados de verde, os para armazenamento de resíduos recicláveis devem ser pintados de branco e os para armazenamento de outros resíduos devem ser pintados de preto.

iv.   A manipulação manual de resíduos deve ser proibida. Se for inevitável devido a condicionalismos, a manipulação manual deve ser efectuada com as devidas precauções e tendo em conta a segurança dos trabalhadores.

> ### *Transporte de resíduos sólidos urbanos*

Os veículos utilizados para o transporte de resíduos devem estar cobertos. Os resíduos não devem ser visíveis para o público nem expostos ao ar livre para evitar a sua dispersão. Devem ser cumpridos os seguintes critérios, nomeadamente

i.   As instalações de armazenamento criadas pelas autoridades municipais devem ser objeto de uma vigilância diária para a limpeza dos resíduos. Os caixotes ou contentores, onde quer que sejam colocados, devem ser limpos antes de começarem a transbordar;

ii.   Os veículos de transporte devem ser concebidos de forma a evitar o manuseamento múltiplo dos resíduos antes da sua eliminação final.

> ### *Tratamento de resíduos sólidos urbanos*

As autoridades municipais devem adotar uma tecnologia adequada ou uma combinação dessas tecnologias para utilizar os resíduos de modo a minimizar a carga sobre os aterros. Devem ser adoptados os seguintes critérios, nomeadamente:-

i.   Os resíduos biodegradáveis devem ser processados por compostagem, vermicompostagem, digestão anaeróbia ou qualquer outro processamento biológico adequado para a estabilização dos resíduos. Deve ser assegurado que o composto ou qualquer outro produto final cumpra as normas.

ii.   Os resíduos mistos que contenham recursos valorizáveis devem seguir a via da reciclagem. A incineração com ou sem recuperação de energia, incluindo a paletização, também pode ser utilizada para o tratamento de resíduos em casos específicos. A autoridade municipal ou o operador de uma instalação que pretenda utilizar outras tecnologias de ponta deve contactar o Conselho Central de Controlo da Poluição para obter as normas estabelecidas antes de solicitar a concessão da autorização.

> ### *Eliminação de resíduos sólidos urbanos*

O aterro deve ser limitado a resíduos não biodegradáveis e inertes e a outros resíduos que não sejam adequados para reciclagem ou para processamento biológico.

O aterro deve também ser efectuado para resíduos de instalações de processamento de resíduos, bem como para rejeitados de pré-processamento de instalações de processamento de resíduos. Deve ser evitado o aterro de resíduos mistos, exceto se estes forem considerados inadequados para a transformação de resíduos. Em circunstâncias inevitáveis ou até à instalação de instalações alternativas, o aterro deve ser efectuado de acordo com as normas adequadas. Os aterros sanitários devem cumprir as especificações das normas.

> ### *Especificações para aterros sanitários*

i.   Seleção do local

a.   Nas zonas sob a jurisdição das "Autoridades de Desenvolvimento", caberá a essas autoridades identificar os aterros e entregá-los à autoridade municipal em causa para desenvolvimento, exploração e manutenção. Nos outros locais, esta responsabilidade cabe à autoridade municipal em causa.

b.   A seleção dos locais de aterro deve basear-se na análise das questões ambientais. O Departamento de Desenvolvimento Urbano do Estado ou do Território da União coordenar-se-á com as organizações interessadas para obter as aprovações e autorizações necessárias.

c.   O aterro deve ser planeado e concebido com documentação adequada de um plano de construção faseado, bem como de um plano de encerramento.

d.   Os aterros devem ser selecionados de modo a utilizar as instalações de tratamento de resíduos existentes nas proximidades. Caso contrário, a instalação de processamento de resíduos deve ser planeada como parte integrante do aterro.

e.   Os aterros existentes que continuem a ser utilizados durante mais de cinco anos deverão ser melhorados de acordo com as especificações constantes do presente Programa. Os resíduos biomédicos deverão ser eliminados de acordo com as Regras de Gestão e Manuseamento de Resíduos Biomédicos de 1998 e os resíduos perigosos deverão ser geridos de acordo com as Regras de Gestão e Manuseamento de Resíduos

Perigosos de 1989, com as alterações que lhes forem introduzidas.

f. O aterro deve ter uma dimensão suficiente para durar 20-25 anos.

g. O aterro deve estar afastado de aglomerados habitacionais, zonas florestais, massas de água, monumentos, parques nacionais, zonas húmidas e locais de importante interesse cultural, histórico ou religioso.

h. Deve ser mantida uma zona tampão de não-desenvolvimento em torno do aterro e deve ser incorporada nos planos de utilização do solo do Departamento de Planeamento da Cidade.

i. O aterro deve situar-se longe do aeroporto ou da base aérea. Antes da instalação do aterro, deverá ser obtida a necessária autorização das autoridades aeroportuárias ou da base aérea, caso o aterro se situe a menos de 20 km de um aeroporto ou de uma base aérea.

ii. Instalações no local

a. O local de aterro deve ser vedado ou coberto por uma sebe e dispor de um portão adequado para controlar a entrada de veículos ou outros meios de transporte.

b. O aterro deve estar bem protegido para impedir a entrada de pessoas não autorizadas e de animais vadios.

c. Devem existir no aterro estradas de acesso e outras estradas internas que permitam a livre circulação de veículos e outras máquinas.

d. O local de aterro deve dispor de uma instalação de inspeção de resíduos para controlar os resíduos trazidos para o aterro, de um escritório para a manutenção de registos e de um abrigo para guardar o equipamento e as máquinas, incluindo o equipamento de controlo da poluição.

e. Devem ser previstas disposições como uma ponte de pesagem para medir a quantidade de resíduos introduzidos no aterro, equipamento de proteção contra incêndios e outras instalações que possam ser necessárias.

f. Devem ser fornecidos serviços de utilidade pública, tais como água potável (de preferência instalações balneares para os trabalhadores) e iluminação para facilitar as operações de aterro quando efectuadas durante a noite.

g. Devem ser tomadas disposições de segurança, incluindo inspecções sanitárias dos trabalhadores do aterro, periodicamente.

iii. Especificação para o enchimento de terrenos

a. Os resíduos sujeitos a enchimento do solo devem ser compactados em camadas finas utilizando compactadores de aterros para obter uma densidade elevada dos resíduos. Em zonas de elevada pluviosidade, onde não possam ser utilizados compactadores pesados, devem ser adoptadas medidas alternativas.

b. Os resíduos devem ser cobertos imediatamente ou no final de cada dia de trabalho com um mínimo de 10 cm de solo, detritos inertes ou material de construção até que sejam criadas instalações de processamento de resíduos para compostagem, reciclagem ou recuperação de energia, de acordo com as normas.

c. Antes do início da estação das monções, deve ser colocada uma cobertura intermédia de 40-65 cm de espessura de solo sobre o aterro, com compactação e nivelamento adequados para evitar a infiltração durante as monções. Devem ser construídas vigas de drenagem adequadas para desviar o escoamento para fora da célula ativa do aterro.

d. Após a conclusão do aterro, deve ser projectada uma cobertura final para minimizar a infiltração e a erosão.

> ***Prevenção da poluição***

A fim de evitar problemas de poluição decorrentes das operações de aterro, serão adoptadas as seguintes disposições, nomeadamente

i. Desvio dos esgotos de águas pluviais para minimizar a produção de lixiviados e evitar a poluição das águas superficiais, bem como para evitar inundações e a criação de condições pantanosas;

ii. Construção de um sistema de revestimento não permeável na base e nas paredes da zona de eliminação de resíduos. Para os aterros que recebem resíduos de instalações de tratamento de resíduos ou resíduos mistos ou resíduos com contaminação por materiais perigosos (tais como aerossóis, lixívias, vernizes, baterias, óleos usados, produtos de pintura e pesticidas), as especificações mínimas do revestimento devem ser uma barreira composta por uma geomembrana de polietileno de alta densidade (PEAD) de 1,5 mm, ou equivalente, sobre 90 cm de solo (argila ou solo alterado) com um coeficiente de permeabilidade não superior a 1×10^{-7} cm/seg.

O nível mais elevado do lençol freático deve situar-se pelo menos dois metros abaixo da base da camada de barreira de argila ou de solo alterado;

iii. Devem ser adoptadas disposições para a gestão da recolha e tratamento dos lixiviados. Os lixiviados tratados devem cumprir as normas especificadas no ato.

iv. Prevenção do escoamento da área do aterro para qualquer riacho, rio, lago ou lagoa.

➢ ***Estado de cumprimento das regras de 2000:*** Não estão disponíveis dados oficiais consolidados sobre o estado de cumprimento dos RSU. As autoridades municipais comunicam numerosas razões para o não cumprimento das regras de 2000. Um comité de peritos nomeado pelo Supremo Tribunal identificou as seguintes deficiências no sistema de gestão de resíduos sólidos urbanos na Índia

i. Não armazenamento de resíduos na fonte

ii. Separação parcial dos resíduos recicláveis

iii. Inexistência de um sistema de recolha primária de resíduos ao domicílio

iv. Varredura irregular de ruas

v. Sistema inadequado de armazenamento secundário de resíduos

vi. Transporte irregular de resíduos em veículos abertos

vii. Não há tratamento de resíduos

viii. Eliminação inadequada de resíduos em lixeiras a céu aberto

As deficiências são causadas principalmente pela apatia das autoridades municipais, falta de envolvimento da comunidade, falta de conhecimentos técnicos e recursos financeiros inadequados. Constituem os principais desafios que as autoridades devem enfrentar para melhorar o sistema de gestão de resíduos no país.

➢ ***Resíduos perigosos: referência especial à gestão dos resíduos sólidos urbanos:*** As Regras sobre Resíduos Perigosos (Gestão e Manuseamento) de 1989 foram introduzidas ao abrigo das secções 6, 8 e 25 da Lei do Ambiente (Proteção) de 1986 (referidas como Regras HWM de 1989). As regras HWM de 1989 prevêem o controlo da produção, recolha, tratamento, transporte, importação, armazenagem e eliminação dos resíduos enumerados no calendário anexo a estas regras. A aplicação destas regras é feita através dos SPCB e dos comités de controlo da poluição nos respectivos estados e territórios da união. Para além destas regras, em 1991, o MoEF emitiu Diretrizes para a Gestão e o Manuseamento de Resíduos Perigosos para (a) os geradores, (b) o transporte de resíduos perigosos e (c) os proprietários/operadores de instalações de armazenamento, tratamento e eliminação de resíduos perigosos. Estas diretrizes também estabeleceram os mecanismos para o desenvolvimento de um sistema de comunicação de informações sobre o movimento de resíduos perigosos e, pela primeira vez, definiram procedimentos para os requisitos de encerramento e pós-encerramento de aterros. Em 1995, seguiram-se a publicação das Diretrizes para o transporte rodoviário seguro de produtos químicos perigosos, que estabelecem regras básicas para o transporte de mercadorias perigosas e prevêem a criação de um plano de emergência para o transporte e disposições sobre a identificação e avaliação dos perigos. Para além destas regras diretas que tratam de questões de gestão de resíduos perigosos, o Governo decidiu introduzir na legislação incentivos adicionais para que as indústrias cumpram as disposições ambientais e introduzam as forças de mercado no sector do ambiente. Neste sentido, a Lei da Responsabilidade Pública de 1991 foi adoptada para exigir que as indústrias que lidam com riscos se assegurem contra acidentes ou danos causados pela libertação de poluentes. A Lei do Tribunal Nacional do Ambiente, de 1995, prevê soluções rápidas para as partes lesadas por crimes ambientais. Em 1996, foi adoptada legislação sobre o direito comunitário de conhecer, a fim de proporcionar um maior acesso à informação sobre os riscos potenciais das operações industriais. A Índia é também signatária da Convenção de Basileia, de 1989, sobre o controlo dos movimentos transfronteiriços de resíduos perigosos e sua eliminação. Foram observadas algumas limitações inerentes à aplicação das Regras HWM, 1989. Para eliminar essas limitações, o MoEF notificou, em janeiro de 2000, as regras de alteração relativas aos resíduos perigosos (gestão e manuseamento). Na Índia, a regulamentação para controlar e gerir a poluição do ar e da água já existia em 1974 e 1981, quando foram introduzidas no país a Lei da Água e a Lei do Ar, respetivamente. No entanto, a preocupação e a necessidade de gerir cientificamente os resíduos perigosos produzidos no país só se fizeram sentir em meados dos anos 80, após a ocorrência da (in)famosa tragédia do gás de Bhopal, em 2/3 de dezembro de 1984. A atenção do Governo foi então atraída para os danos ambientais e as vítimas que as substâncias químicas perigosas e os resíduos tóxicos podem causar. Em 1986, o Ministério do Ambiente e das Florestas (MoEF) promulgou uma lei geral, ou seja, a Lei do Ambiente (Proteção). Na sequência desta lei, a fim de evitar a eliminação indiscriminada de resíduos perigosos, o MoEF promulgou as regras relativas aos resíduos perigosos (gestão e manuseamento) em 1989, tendo sido iniciados esforços para inventariar a produção de resíduos perigosos. Embora as regras relativas aos resíduos perigosos tenham sido introduzidas em 1989, a resposta à sua aplicação tem sido muito fraca. Além disso, devido à política liberalizada, o ritmo da industrialização foi acelerado, o que resultou em quantidades crescentes de resíduos perigosos todos os anos. Este facto, juntamente com uma quantidade crescente de resíduos sólidos urbanos devido à rápida urbanização e de resíduos hospitalares devido a políticas e medidas tecnológicas inadequadas, continua a ser um problema ambiental preocupante para a Índia.

Não existe nenhum documento político indiano que analise os resíduos como parte de um ciclo de produção-consumo-recuperação ou que os considere através de um prisma de sustentabilidade global. As novas regras de gestão dos resíduos sólidos urbanos de 2000, que entraram em vigor em janeiro de 2004, não conseguem sequer gerir os resíduos num processo cíclico. A gestão de resíduos continua a ser um sistema linear de recolha e eliminação, criando riscos para a saúde e o ambiente. O Supremo Tribunal nomeou o Comité Barman (1999), que recomendou, com razão, que a compostagem fosse efectuada em cada município. A compostagem é provavelmente a tecnologia mais fácil e mais adequada para tratar a maior parte dos nossos resíduos, dada a sua natureza orgânica.

Mas algumas medidas vão contra os requisitos das Regras Municipais de Gestão de Resíduos Sólidos de 2000, que exigem a separação dos resíduos na fonte para uma compostagem e reciclagem mais limpas. As lições da incineração dos resíduos urbanos indianos não parecem ter sido aprendidas, apesar de uma experiência desastrosa com um incinerador financiado pelos Países Baixos em Deli. Em 1984, funcionou apenas durante uma semana, uma vez que o poder calorífico do combustível era inferior a metade do necessário para o incinerador.

Uma grande parte dos resíduos poderia ser reciclada pelas populações urbanas pobres, gerando rendimentos para si próprias e protegendo o ambiente. É necessário desenvolver uma abordagem integrada em que os sectores público, privado e comunitário trabalhem em conjunto para desenvolver soluções locais que promovam uma gestão sustentável dos resíduos sólidos. Há uma série de oportunidades para as cidades encontrarem soluções que envolvam a comunidade e o sector privado; que envolvam tecnologias e métodos de eliminação inovadores; e que envolvam mudanças de comportamento e sensibilização. A maioria dos governos locais e agências urbanas identificaram, repetidamente, a gestão de resíduos como um grande problema que atingiu proporções que exigem medidas drásticas.

As autarquias são as principais instituições responsáveis pela gestão dos resíduos sólidos na Índia, mas a maior parte das autarquias urbanas, com exceção de algumas progressistas, não são capazes de fornecer o nível desejável de serviços de conservação. O 12º Schedule in 74th Amendment Act 1992, (Entry 6 in Schedule12 (Article 243-W)) confere poderes aos organismos locais, dando-lhes independência, autoridade e poder para impor impostos, direitos, portagens e taxas para serviços que incluem a saúde pública, o saneamento, a conservação e a gestão dos resíduos sólidos.

i. Lei de Maharashtra relativa ao controlo do lixo não biodegradável, 2006

O Governo do Estado aprovou uma lei especial, intitulada Maharashtra non-bio-degradable garbage (control) act 2006, para regulamentar os resíduos sólidos urbanos não biodegradáveis produzidos nas zonas urbanas. De acordo com as regras relativas aos resíduos sólidos urbanos de Maharashtra de 2006, notificadas ao abrigo desta lei: "Nenhuma pessoa, por si própria ou por intermédio de outra, deve, conscientemente ou de qualquer outra forma, deitar ou fazer deitar lixo não biodegradável, entulho de construção ou qualquer lixo biodegradável em qualquer esgoto, poço de ventilação, tubo e acessórios, linhas de esgotos, lago natural ou artificial, zonas húmidas que possam prejudicar o sistema de drenagem e de esgotos, interferir com o fluxo livre ou afetar o tratamento e a eliminação do conteúdo dos esgotos, ser perigoso ou causar incómodo ou

Non-compliance with MSW (Management and Regulation) 2000 Rules	
Area of Compliance	**Reasons**
Storage of waste at source	• Lack of public awareness, motivation and education. • Lack of civic sense and bad habits of people to litter. • Lack of cooperation from households, trade and commerce. • Lack of stringent panel provision. • Lack of power to levy spot lines. • Lack of litter bins in the city. • Long distance between community bins. • Resistance to change in attitude.
Segregation of recyclable waste	• Lack of wide publicity through electronic and print media. • Lack of public awareness and motivation. • Lack of citizens understanding how to use separate bins for storage of recyclable. • Lack of sufficient knowledge of benefits of segregation. • Lack of cooperation and negative attitude of people. • Lack of finances to create awareness. • Difficulty of educating slum dwellers. • Lack of effective legal remedy.
Collection of waste from doorstep	• Lack of awareness and motivation • Unavailability of primary collection vehicles and equipment. • Insufficient response from citizens. • Lack of financial resources. • Difficulty of motivating slum- dwellers. • Lack of personnel for door- door collection. • Lack of suitable containers.
Daily sweeping of street	• Excessive leave and absenteeism of sanitary workers. • Unavailability of workers on Sundays and public holidays. • Kuccha (unpaved) roads. • Lack of financial resources.
Abolition of open waste storage depots and placement of containers	• Shortage of containers. • Lack of financial resources. • Lack of planning for waste storage depots. • Inaccessible areas and narrow lanes that do not allow sufficient space for containers.
Transportation of waste in covered vehicles	• Old vehicles those are difficult to replace.
Processing of waste	• Lack of financial resources. • Lack of technical personnel. • Lack of technical know-how for scientific disposal of waste. • Unavailability of appropriate land. • Lack of institutional capacity.
Disposal of waste at the engineered landfill	• Lack of financial resources. • Lack of technical personnel. • Lack of technical know-how for scientific disposal of waste. • Unavailability of appropriate land. • Lack of institutional capacity.

Fonte: Asnani 2004a

ser prejudicial à saúde pública e danificar o lago, a água do rio e as zonas húmidas. Além disso, ninguém pode, conscientemente ou não, colocar ou permitir a colocação de lixo biodegradável ou não biodegradável em qualquer local público ou aberto à vista do público. A lei estabelece ainda que os proprietários e ocupantes de todos os terrenos e edifícios têm o dever de armazenar e separar os resíduos por eles produzidos em, pelo menos, dois recipientes, um para resíduos biodegradáveis e outro para resíduos não biodegradáveis.

ii. Regras de Maharashtra relativas aos sacos de transporte de plástico (fabrico e utilização), 2006

Para minimizar o impacto dos resíduos de plástico no ambiente e na saúde, o Governo do Estado emitiu as Regras de 2006 relativas aos sacos de plástico (fabrico e utilização) de Maharashtra, ao abrigo da Lei de Controlo do Lixo Não Biodegradável de Maharashtra de 2006, para controlar a produção de resíduos de plástico, o fabrico (e o armazenamento, a distribuição ou a venda) de sacos de plástico virgens ou reciclados de espessura inferior a 50 mícrones e de tamanho 8 x 12 polegadas são proibidos no Estado.

O quadro regulamentar nacional de gestão de resíduos sólidos noutros países asiáticos

Bangladesh

As políticas de gestão dos resíduos sólidos, o quadro institucional, as políticas, a legislação e a regulamentação existentes são inadequados no Bangladesh. No entanto, foi criada muito recentemente uma divisão de gestão de resíduos na Dhaka City Corporation (DCC) para se ocupar da gestão dos resíduos sólidos urbanos e de outras actividades. Não existe legislação, regulamentação e políticas específicas para a gestão dos resíduos sólidos a nível nacional, mas, de acordo com a Portaria DCC de 1983, alterada em 1999, artigo 78º, a DCC é responsável pela eliminação dos resíduos sólidos do contentor para o local de eliminação e pela limpeza das estradas e dos esgotos.

1. As partes interessadas na gestão de resíduos sólidos

As partes interessadas envolvidas na gestão dos resíduos sólidos urbanos e industriais no Bangladesh são os organismos governamentais locais, as organizações não governamentais (ONG), as organizações de base comunitária (OBC), as indústrias produtoras de resíduos, as pessoas comuns, os activistas ambientais, os académicos, as instituições de investigação e os meios de comunicação social.

2. Organismos da administração local, como as corporações municipais e os municípios Estes organismos actuam em nome do governo com base em políticas, leis, regulamentos, diretivas, etc., e desempenham um papel muito importante. Tomam as medidas necessárias para recolher, transportar e eliminar ou tratar os resíduos sólidos. Normalmente, recebem financiamento do governo. Em alguns casos, obtêm receitas sob a forma de um imposto municipal, de uma taxa de licença de comércio ou de outros impostos locais. No Bangladesh, não existem disposições relativas a taxas separadas para a gestão dos resíduos sólidos.

3. Organizações não governamentais (ONG) e organizações de base comunitária (OBC)

Atualmente, a atividade das ONG e das OBC é muito importante e desempenha um papel significativo em várias actividades socioeconómicas. Participam também em actividades relacionadas com o ambiente.

4. As pessoas comuns

As pessoas comuns são os maiores geradores de resíduos. A sua consciencialização pode levar a uma grande mudança na quantidade e qualidade dos resíduos produzidos no país. Mas o conhecimento das pessoas comuns sobre os resíduos é insuficiente. Por conseguinte, é necessário educá-las para obter melhores resultados.

5. Activistas ambientais

Os activistas ambientais actuam como formadores de opinião a vários níveis da sociedade e trazem as questões para a ribalta.

6. Académicos e instituições de investigação

Este grupo de pessoas está envolvido em actividades académicas e de investigação. Podem divulgar novos desenvolvimentos na gestão dos resíduos sólidos através de palestras, seminários e simpósios.

7. Os meios de comunicação social

Para obter uma resposta rápida e generalizada em matéria de gestão dos resíduos sólidos urbanos, é inevitável a importância da imprensa e de outros meios de comunicação social. Os meios de comunicação social permanecem no centro de todas as actividades. O cidadão comum e as agências de execução são aproximados por eles. Os meios de comunicação social podem desempenhar um papel muito importante na motivação de todas as partes interessadas (APO 2005).

China

Para resolver eficazmente os problemas relacionados com a eliminação dos RSU, o Yuan Executivo promulgou, em 1984, as diretrizes para a eliminação do lixo urbano. Foram criados vários aterros sanitários com base nas diretrizes. A primeira fase centrou-se na criação de aterros sanitários normalizados, na formulação de uma definição correta de eliminação de lixo e na melhoria da higiene ambiental. A Lei da Eliminação de Resíduos e a Lei da Reciclagem de Recursos são as principais legislações relativas à gestão dos resíduos sólidos. Os resíduos sólidos são classificados como "resíduos gerais" ou "resíduos industriais". Os resíduos industriais são ainda subdivididos em "resíduos industriais gerais (não perigosos)" e "resíduos industriais perigosos". Estas duas componentes dos resíduos industriais são ainda identificadas através das normas de definição de resíduos industriais perigosos. Simultaneamente, a EPA promulgou as medidas para a reciclagem e limpeza de resíduos gerais e os critérios das instalações de armazenamento, remoção e eliminação de resíduos industriais para reforçar a gestão de resíduos gerais e industriais. Com o objetivo de conservar os recursos naturais, reduzir a produção de resíduos, promover a reciclagem e a reutilização de materiais, diminuir os encargos ambientais e construir uma sociedade com uma utilização sustentável dos recursos, foi aprovada, em 3 de julho de 2002, a Lei da Reciclagem de Recursos, tal como referido anteriormente. Desde 1997, a EPA tem promovido a utilização generalizada do *"Sistema de Reciclagem Quatro em Um"*, cujos pormenores são apresentados na secção *"Práticas de Produtividade Verde e Outras Medidas Proactivas"*.

1. Projeto de engenharia para a construção de instalações de incineração de resíduos e projectos BOO/BOT
Através do projeto de engenharia da EPA para a construção de instalações de incineração de resíduos e dos projectos BOO/BOT iniciados pela EPA, foi concluído um total de 19 instalações de incineração de resíduos (RIP) e outras seis instalações estavam em construção em julho de 2004. A capacidade total de tratamento projectada para estas instalações é de 24 600 toneladas por dia e espera-se que as taxas de incineração de lixo atinjam 70% ou mais em 2005.

2. Programa Nacional de Gestão de Resíduos Industriais
O Yuan Executivo aprovou o Programa Nacional de Gestão de Resíduos Industriais em 17 de janeiro de 2001. Este programa foi concebido para reforçar a gestão dos resíduos industriais nas suas fontes, os sistemas de rastreio de resíduos, o trabalho de inspeção e a criação de instalações de tratamento de resíduos industriais. A EPA e o IDB do MOEA foram designados pelo Yuanto para se encarregarem do planeamento, atribuírem responsabilidades e coordenarem o tratamento de resíduos industriais gerais e perigosos. Atualmente, o IDB está a executar um plano para instalar centros temporários de armazenamento e tratamento de resíduos perigosos. Na Fase I do plano, foram instaladas instalações de armazenamento temporário em três centros e duas instalações de incineração nos centros norte e sul. O empreiteiro do centro central iniciará a instalação comercial.

3. Plano Estratégico Nacional de Gestão de Resíduos Sólidos
A EPA anunciou o Plano de Ação Trienal para a Proteção do Ambiente em 15 de março de 2004. Este plano de ação trienal contém os seis subplanos seguintes:
➢ *Modelo de plano de estilos de vida ambientais*
➢ *Plano de informação aberta e de plena participação dos cidadãos*
➢ *Plano de redução de poluentes ambientais*
➢ *Triagem completa do lixo para o plano "Zero Resíduos*
➢ *Estratégia de Controlo dos Resíduos Industriais e Zero Resíduos E Plano de Ação de Monitorização do Destino Ambiental*

Com base no conteúdo da Revisão e Perspectivas do Plano de Eliminação de Lixo aprovado pelo Yuan Executivo em 4 de dezembro de 2003, a EPA está a promover agressivamente o Plano de Triagem Completa de Lixo para Zero Resíduos. Este plano de ação inclui sete tarefas principais:
➢ *Triagem, reciclagem e redução do lixo,*
➢ *Reciclagem e reutilização de resíduos de cozinha,*
➢ *Um plano de acompanhamento para a eliminação do lixo na zona de Taiwan,*
➢ *Construir uma nova imagem das instalações de incineração de resíduos sólidos urbanos,*
➢ *Promoção de parques de alta tecnologia relacionados com a proteção do ambiente,*
➢ *Promoção da sensibilização para os novos artigos a estipular como materiais recicláveis obrigatórios, e*
➢ *Aumentar as taxas de reciclagem dos resíduos já regulamentados como recicláveis obrigatórios.*

Para aumentar ainda mais a eficácia da eliminação de resíduos e promover a reutilização e a reciclagem de recursos, o plano de ação para o controlo dos resíduos industriais e a estratégia "Zero Resíduos" consiste em sete áreas de trabalho prioritárias:
➢ *Promoção da reciclagem dos resíduos industriais,*
➢ *Melhoria das estratégias de gestão dos resíduos industriais,*
➢ *Conclusão do sistema de gestão eletrónica dos resíduos industriais,*
➢ *Seguimento e investigação do fluxo de resíduos industriais,*
➢ *Promoção da construção de instalações de tratamento de resíduos agrícolas, Gestão integrada da*

incineração de cinzas de resíduos industriais, e C Controlo das importações e exportações de resíduos industriais (APO 2005).

Nepal

A Estratégia Nacional de Conservação (1988), um passo em direção à primeira política ambiental do Nepal, afirma que o Governo de Sua Majestade do Nepal (HMGN) desenvolverá e aplicará políticas e legislação relacionadas com a poluição, incluindo o tratamento e a manipulação de resíduos sólidos, mas o Plano de Ação e Política Ambiental do Nepal (NEPAP) não se pronuncia sobre a questão da gestão dos resíduos sólidos. O Décimo Plano (2002-2007) não menciona especificamente quaisquer planos relativos à gestão de resíduos sólidos, exceto a construção de um aterro sanitário em Okharpauwa, em Katmandu. Em 1996, a HMGN adoptou uma política de gestão de resíduos sólidos para o Nepal, mas esta deve ser seguida de planos e programas adequados.

Os principais objectivos da Política Nacional de Gestão de Resíduos (1996) são os seguintes: tornar a gestão de resíduos simples e eficaz, minimizar a poluição e os efeitos dos resíduos na saúde pública, mobilizar os resíduos como recursos, privatizar a gestão de resíduos e sensibilizar o público e a participação das pessoas. A Lei dos Resíduos Sólidos (Gestão e Mobilização de Recursos) de 1987 foi a primeira legislação relacionada com a gestão de resíduos no Nepal. A lei foi promulgada para criar o Centro de Gestão de Resíduos Sólidos e Mobilização de Recursos (SWMRMC) e para facilitar a execução do projeto de gestão de resíduos sólidos apoiado pela GTZ em Katmandu. No entanto, a lei não funciona atualmente porque o SWMRMC já não está envolvido na gestão dos resíduos de Katmandu. A principal legislação que rege as actividades dos municípios é a Lei da Auto-Governação Local (1999). Esta lei torna os municípios responsáveis pela gestão dos resíduos, mas não diz como é que isso deve ser feito. Alguns municípios, como Dharan e Itahari, elaboraram as suas próprias diretrizes em matéria de gestão de resíduos sólidos urbanos. Estas diretrizes definem responsabilidades e estabelecem o montante das multas a cobrar às pessoas que deitam lixo no chão (APO 2005).

Filipinas

O principal instrumento jurídico que rege a gestão de resíduos sólidos no país é a Lei de Gestão Ecológica de Resíduos Sólidos de 2000. Esta lei declara a adoção de um programa sistemático, abrangente e ecológico de gestão de resíduos sólidos como uma política do Estado. Adopta abordagens comunitárias à gestão de resíduos sólidos e obriga ao desvio de resíduos através da reciclagem e da compostagem, entre outros. As principais caraterísticas do R.A. 9003 são as seguintes.

1. Disposições institucionais

Criação da Comissão Nacional de Gestão de Resíduos Sólidos (NSWMC), que supervisionará a aplicação dos planos de gestão de resíduos sólidos e definirá políticas para atingir os objectivos da lei. O Conselho multissectorial de gestão de resíduos sólidos em cada província e unidade da administração local (LGU) é responsável pela aplicação e execução da lei nas respectivas jurisdições.

2. Planeamento Estratégico e Enquadramento para a Preparação de um Plano Nacional de Gestão de Resíduos Sólidos

Relatório de Situação do NSWMC que incluirá um inventário das instalações de resíduos sólidos existentes, caraterização de resíduos, projecções de produção de resíduos e outras informações pertinentes. O relatório é a base do Quadro Nacional de Gestão de Resíduos Sólidos, que conterá os planos de médio e longo prazo. A lei também exige que cada província, cidade e município prepare um plano de 10 anos para incluir a reutilização, a reciclagem e a compostagem de resíduos, utilizando o quadro como guia.

> ***Reutilização:*** A lei exige que todos os LGUs desviem pelo menos 25% de todos os resíduos sólidos das instalações de eliminação de resíduos para reutilização, reciclagem, compostagem e outras actividades de recuperação de recursos no prazo de cinco anos a partir da implementação da lei. A segregação dos resíduos sólidos na fonte também é obrigatória.

> ***Reciclagem:*** A lei obriga o Departamento do Comércio e da Indústria (DTI) a preparar um inventário dos mercados existentes para os materiais recicláveis e o composto. Exige também que o DTI desenvolva procedimentos, normas, incentivos e estratégias para o mercado local de materiais recicláveis e composto.

A utilização de materiais de embalagem não compatíveis com o ambiente é limitada.

> ***Aterros sanitários e lixeiras controladas:*** A lei proíbe novas lixeiras a céu aberto para eliminação de resíduos e incentiva a conversão de lixeiras a céu aberto em lixeiras controladas no prazo de três anos. No prazo de cinco anos após a aplicação da lei, as lixeiras controladas deverão ser convertidas em aterros sanitários.

> ***Taxas:*** A lei determina que sejam cobradas taxas a todos os produtores de resíduos pelos serviços de gestão de resíduos sólidos urbanos. São também estabelecidas coimas e sanções para qualquer violação da lei. Todas as receitas provenientes da aplicação da lei devem ser colocadas num fundo de gestão de resíduos sólidos urbanos.

O Fundo será utilizado para a investigação e o desenvolvimento, a concessão de prémios e incentivos, a prestação de assistência técnica, a realização de campanhas de sensibilização para a divulgação de informações e a educação, bem como para actividades de acompanhamento.

> ***Participação:*** A lei também incentiva as acções judiciais dos cidadãos, em que qualquer pessoa pode apresentar um processo civil, administrativo ou criminal contra qualquer pessoa, agência governamental ou funcionário que viole ou não cumpra a lei de gestão ecológica dos resíduos sólidos. É de salientar que vários municípios e cidades, bem como localidades (barangays), promulgaram uma versão localizada do R.A. 9003, que os ajudará a aplicar a lei na sua própria localidade (APO 2005).

Singapura

Legislação e regulamentos

O licenciamento dos colectores de resíduos sólidos foi introduzido em 1989 como forma de regulamentar a indústria da recolha de resíduos. Nos termos da legislação, constitui uma infração qualquer pessoa ou empresa que proceda à recolha ou transporte de resíduos sólidos sem uma licença de recolha de resíduos sólidos emitida pela NEA. Qualquer pessoa que seja encontrada a recolher resíduos sólidos a título profissional sem a licença é passível de uma coima não superior a 10 000 SGD ou de uma pena de prisão não superior a 12 meses, ou de ambas as penas. Atualmente, existem três classes de licenças, nomeadamente as classes A, B e C. Cada classe permite que o coletor licenciado recolha os respectivos tipos de resíduos sólidos. Um agente de recolha de resíduos sólidos pode candidatar-se a mais do que uma categoria de licença em qualquer altura. A aprovação da licença depende do facto de o requerente possuir o veículo e o equipamento adequados para recolher e transportar essa classe específica de resíduos. Os colectores de resíduos licenciados são obrigados a cumprir: a Lei de Saúde Pública Ambiental, os Regulamentos de Saúde Pública Ambiental (Colectores de Resíduos Gerais) e o Código de Práticas para colectores de resíduos gerais licenciados. Os tipos de resíduos correspondentes às três classes e o tipo de veículo necessário a ser utilizado para o transporte dos resíduos são elaborados (APO 2005).

Types of Waste and Vehicles/ Equipment		
Class	Type of Waste	Type of Vehicles/ Equipment
A	**Inorganic waste:** construction debris, excavated earth, tree trunks, discarded furniture, appliances, wooden crates, pallets and other bulk items designated for disposal	Ship containers and prime movers, lorries with crane and pickups and lorries with tippers. Waste must be properly covered
B	**Organic Waste:** food and other putrefiable waste from domestic, trade and industrial premises, market and food center	Roll off compactors and prime movers and refuse – compaction vehicles
C	**Sludge and Grease:** sludge from water treatment plants, grease interceptors, water- seal latrines, sewerage treatment plants, septic plants, sewerage system, waste from sanitary convenience in ships and aircrafts	Trucks with septic tanks

Sri Lanka

O Ministério do Ambiente e dos Recursos Naturais é a agência de planeamento de políticas para as actividades de gestão de resíduos sólidos. O mandato da Autoridade Ambiental Central, que está sob a alçada do ministério, é a proteção e gestão do ambiente para as gerações presentes e futuras. A Autoridade Central do Ambiente dispõe de uma rede regional e de funcionários afectos ao gabinete do Secretário de Divisão. A CEA dá diretivas às autoridades locais (AL) e controla o processo. Se alguma autoridade local não seguir as diretivas, a CEA tem o poder de intentar uma ação judicial contra ela. O CEA nomeia um responsável ambiental para cada autoridade local, a fim de controlar o seu trabalho. Todas as autoridades locais funcionam com quadros jurídicos e financeiros independentes. Apenas o Conselho Provincial do Oeste tem autoridade em matéria de gestão da água. Trata das questões transfronteiriças para as autoridades locais e presta aconselhamento técnico sempre que necessário. A Portaria 6 de 1910 contém disposições regulamentares relativas à gestão dos resíduos sólidos urbanos. Estes regulamentos são promulgados para regulamentar, supervisionar, inspecionar e controlar a segregação, o armazenamento, a descarga, a recolha, o transporte, o funcionamento e a manutenção de estações de transferência, o processamento, o tratamento e a eliminação dos resíduos sólidos produzidos em locais públicos, instalações privadas, ruas e vias municipais e todas as outras actividades acessórias. Estes regulamentos estão a ser actualizados. A redação técnica está concluída e a redação jurídica está em curso. Além disso, o CEA preparou diretrizes técnicas para a gestão dos RSU. São abrangidas várias componentes da gestão dos resíduos sólidos, como a recolha, a transferência, a recuperação de componentes úteis, a incineração, a compostagem, a produção de biogás e a deposição em aterro, de modo a que estas operações possam ser realizadas com um impacto ambiental mínimo. As orientações começam com os requisitos legais e operacionais gerais que são comuns a todos os componentes da gestão de resíduos sólidos. Os requisitos específicos das instalações aplicáveis a cada componente foram abordados separadamente em subtítulos como introdução, requisitos gerais, requisitos de conceção e requisitos operacionais, para maior comodidade do utilizador. Este guia destina-se a resíduos sólidos urbanos, resíduos de construção e resíduos industriais que podem ser aceites em aterros municipais. Inclui os seguintes tópicos: orientações gerais, recolha de resíduos, estações de transferência, instalações de recuperação de materiais, instalações de incineração, instalações de compostagem, digestão anaeróbia/produção de biogás e instalações de aterro. Recentemente, foi intentada uma ação judicial contra as autoridades locais devido à gestão incorrecta dos resíduos sólidos. Depois disso, as autoridades locais empreenderam várias iniciativas de gestão estratégica. Cada autoridade local foi obrigada a encontrar soluções estratégicas utilizando os recursos disponíveis e uma variedade de planos de triagem de resíduos na fonte.

1. Responsabilidade legal das autoridades locais no que respeita à gestão dos resíduos sólidos

Em muitos países, a gestão dos resíduos sólidos urbanos é considerada uma preocupação da administração local. A responsabilidade jurídica das autoridades locais no Sri Lanka pode ser considerada em menos de quatro categorias: cobertura jurídica alargada ao abrigo da Constituição, quadro jurídico definido na legislação que rege as autoridades locais, disposições jurídicas ao abrigo de outra legislação e disposições jurídicas ao abrigo de leis subsidiárias.

> ***Ampla cobertura legal ao abrigo da Constituição:*** De acordo com o Artigo 27 (14), "O Estado deve proteger, preservar e melhorar o ambiente em benefício da comunidade". Esta política é implementada através da estrutura institucional criada pela legislação aprovada pelo parlamento. O artigo 154.º-G (1) estabelece que "cada Conselho Provincial pode, sem prejuízo das disposições da Constituição, adotar estatutos aplicáveis à província para a qual foi criado no que respeita a qualquer matéria constante da *lista do Conselho* Provincial". O Conselho Provincial do Oeste (WPC) estudou o problema de forma independente e, em 1999, aprovou um estatuto ao abrigo do artigo supramencionado para criar uma autoridade de gestão dos resíduos sólidos sob a sua alçada, permitindo ao WPC contribuir para a gestão dos resíduos sólidos. Esta autoridade aborda todos os problemas transfronteiriços e comuns das autoridades locais e apresenta soluções técnicas. A autoridade preparou planos de ação para combater os problemas de gestão dos resíduos sólidos urbanos.

> ***Acções propostas:*** melhorar as operações em todas as lixeiras a céu aberto existentes para reduzir a poluição, sempre que possível converter as lixeiras existentes em aterros controlados até ser encontrada uma solução a longo prazo, sempre que possível partilhar as instalações terrestres entre as autoridades locais vizinhas e desenvolver aterros semi-engenheirados.

i. O quadro jurídico definido na legislação que rege as autoridades locais: O quadro jurídico necessário para a gestão de resíduos sólidos está adequadamente previsto nas leis do governo local. As autoridades locais são responsáveis pela recolha e eliminação de resíduos sólidos no país. As secções 129, 130 e 131 da portaria do conselho municipal, as secções 118, 119 e 120 da portaria do conselho urbano e as secções 93 e 94 da lei Pradeshiya Sabha prevêem clara e adequadamente a gestão e a eliminação dos resíduos sólidos nas respectivas áreas. As disposições da Lei Pradeshiya Sabha e dos decretos do conselho urbano e municipal relativas à gestão dos resíduos sólidos são as seguintes

a. Todos os resíduos urbanos, resíduos domésticos, lixo noturno ou outros materiais semelhantes recolhidos pelas autoridades locais são propriedade do conselho e este tem plenos poderes para os vender ou eliminar.

b. Todos os Pradeshiya Sabha, conselhos urbanos e conselhos municipais devem, periodicamente, providenciar locais convenientes para a eliminação adequada de todos os resíduos das ruas, resíduos domésticos, solo noturno e matérias semelhantes removidas em conformidade com as disposições da lei, e para manter todos os veículos, animais, utensílios e outras coisas necessárias para esse fim, e devem tomar todas as medidas e precauções necessárias para garantir que nenhum desses resíduos, solo noturno ou matérias semelhantes sejam removidos, em conformidade com as disposições da lei, e sejam eliminados de forma a não causar incómodo.

c. Disposições legais ao abrigo de outra legislação: A Lei Nacional do Ambiente n.º 47 de 1980 estabelece o seu poder de dar instruções às autoridades locais, como já foi discutido. A Secção 12 do Nuisance Ordinance também estabelece o seu poder de dar instruções às autoridades locais.

d. Disposições legais ao abrigo de leis subsidiárias: As autoridades locais estão habilitadas a adotar disposições legais para a supervisão, regulamentação, inspeção e controlo das actividades de saúde e saneamento, incluindo a gestão de resíduos sólidos, líquidos e industriais. Eis alguns exemplos.

e. Secção 272 (5) saneamento, incluindo a prevenção e a eliminação de perturbações, a remoção e a eliminação do solo noturno, a cobrança, a aplicação e a recuperação de taxas por essa remoção e eliminação, e a conservação de instalações privadas

f. Secção 30 (B) Regulamentação e controlo dos resíduos industriais: regulamento interno, Diário da República extraordinário n.º 541/17 de 20/01/1989, X prevenção de perturbações, e regulamento interno relativo à limpeza e conservação

2. Avaliação do impacto ambiental (AIA)

A Lei Nacional do Ambiente exige que os aterros sanitários sejam submetidos a uma avaliação de impacto ambiental ao abrigo dos regulamentos de AIA (nº 772/22, junho de 1993) quando a capacidade de um local é superior a 100 toneladas por dia. As áreas potenciais que podem ser desenvolvidas como locais de eliminação de resíduos sólidos devem ser identificadas a nível nacional. As autorizações necessárias devem ser obtidas após a realização de um exame ambiental inicial (EIE) ou de um estudo de avaliação do impacto ambiental (AIA), conforme exigido por lei. No entanto, os regulamentos actuais devem ser alterados de modo a exigir que todos os sítios de RSU sejam submetidos a um EIA ou a um EIE. Os aterros sanitários deveriam exigir uma licença de proteção ambiental para poderem funcionar, uma vez que o potencial de poluição dos lixiviados é muito mais elevado do que a maioria das descargas industriais (APO 2005).

Tailândia

Todos os resíduos urbanos são geridos ao abrigo da Lei da Saúde Pública A.E.1992, que atribui às administrações locais a responsabilidade total pela elaboração de decretos e pela regulamentação dos sistemas de gestão dos resíduos sólidos, incluindo a cobrança de taxas. Os cidadãos estão proibidos de deitar lixo para o chão ou despejar resíduos em locais clandestinos, o que é punível com uma coima. A lei A.E.1992 sobre a limpeza e a ordem no país obriga ainda os proprietários a manter a limpeza das suas habitações e proíbe a eliminação ilegal de resíduos sólidos. Além disso, os regulamentos comunitários locais especificam geralmente a forma como os proprietários devem armazenar e colocar os seus resíduos sólidos para recolha, proíbem a eliminação ilegal e a deposição de lixo e estabelecem eventuais sanções para os infractores. A lei sobre as fábricas (Factory Act A.E.1992) constitui uma base jurídica para o estabelecimento e o controlo das operações industriais, incluindo a definição e a aplicação de normas industriais. A importação, a exportação, o fabrico, o armazenamento, o transporte, a utilização e a eliminação de substâncias perigosas são controlados em conformidade com a lei relativa às substâncias perigosas de 1992. Além disso, a lei relativa ao reforço e à conservação da qualidade ambiental nacional (A.E.1992) conferiu poderes às administrações locais para construírem instalações centrais de eliminação de resíduos para utilização pública, quer por elas próprias quer por contratantes privados autorizados. O Fundo para o Ambiente foi criado para conceder subvenções ou empréstimos a organismos governamentais e ao sector privado para investimento e exploração dessas instalações centrais. Esta lei também deu poderes ao Ministério da Ciência, Tecnologia e Ambiente para publicar normas de emissão/efluentes e orientações/regulamentos para o controlo das instalações de eliminação de resíduos. Além disso, foi também introduzido o princípio do poluidor-pagador (PPP). As outras leis que envolvem o controlo, a prevenção e a solução dos resíduos sólidos são as seguintes

➤ Lei sobre a manutenção dos canais B.E.121;
➤ Lei sobre a navegação nas águas interiores, B.E.2456, com a redação que lhe foi dada pela Lei sobre a navegação nas águas interiores, n.º 14, B.E.2535;
➤ Código Civil e Comercial Royal Irrigation Act B.E.2485;
➤ Lei das Pescas B.E.2450;
➤ Lei dos Minerais B.E.2510;
➤ Lei do Petróleo B.E.2514;
➤ Anúncio do Conselho Executivo Nacional n.º 68 (B.E.2515) sobre o controlo do canal;
➤ Anúncio do Conselho Executivo Nacional n.º 286 (B.E.2515) sobre o Controlo da Atribuição de Terras (incluindo o Regulamento de Atribuição de Terras B.E.2535 que revogou o Regulamento de Atribuição de Terras B.E.2530);
➤ Lei de Controlo da Construção B.E.2522;
➤ Regulamento metropolitano de Banguecoque sobre o controlo da construção de edifícios B.E.2522;
➤ Lei sobre a manutenção dos canais de abastecimento de água B.E.2526 e
➤ Lei das Estradas B.E.2535.

Laws involving organizations that have powers and duties to operate garbage collection and disposal activities are vested with the Bangkok Metropolitan Administration, established under the Bangkok Metropolitan Administration Act B.E.2528; the District Municipality, City Municipality, and Town Municipality established under the Municipality Act B.E.2496; the Sanitary District established under the Sanitary District Act B.E.2495; the Provincial Administrative Organization established under the Provincial Administrative B.E.2498Pattaya City, criada ao abrigo da Lei B.E.2521 relativa à administração da cidade de Pattaya; a Industrial Estate Authority of Thailand, criada ao abrigo da Lei B.E.2522 relativa à administração da propriedade industrial da Tailândia; e todas as outras agências governamentais ou empresas públicas envolvidas, tais como o Departamento de Controlo das Fábricas Industriais do Ministério da Indústria, o Departamento de Obras Públicas do Ministério do Interior, etc. (APO 2005).

Bibliografia

A.D.B. (2001) Asian Environment Outlook, Banco Asiático de Desenvolvimento, Manila, Filipinas.

Abu Q.H.A., Hamoda, M.F. e Newham, J. (1997) Analysis of Residential Solid Waste at Generation Sites, *Waste Management and Research,* vol. 15, pp. 395-406.

Agapitidis, I. e Frantzis, I. (1998) A Possible Strategy for Municipal Solid Waste Management in Greece, *Waste Management and Research*, vol. 16, pp. 244252.

Agarwal, R. (1998) India: the World's final dump yard, *Basel Action News,* vol. 1 (l).

Akolkar, A. B. (2005) Status of Solid Waste Management in India, Implementation Status of Municipal Solid Wastes, *Management and Handling Rules 2000,* Central Pollution Control Board, New Delhi.

American Public Works Association (1966) *Solid Waste: Composition and Sources,* Institute for Solid Wastes, Estados Unidos.

Anjello, R., e Ranawana, A. (1996) Death in Slow Motion- India has become the dumping ground for the west's toxic waste, *Asia week*, Hong Kong.

Anna, O.W. Leung et al. (2008) Heavy Metals Concentrations of Surface Dust From EWaste Recycling and its Human Health Implications in Southeast China (Concentrações de metais pesados na poeira superficial proveniente da reciclagem de resíduos electrónicos e suas implicações para a saúde humana no sudeste da China). *Environmental Science and Technology*, vol. 42 (7), pp. 2674-80.

Anon (2004) *Waste arising from the Corporation of London*, Resource Recovery Forum, Skipton, Reino Unido.

APO (2007) Solid Waste Management: Issues and Challenges in Asia, Report of the APO Survey on Solid-Waste Management 2004-05, Editado pelo Environmental Management Centre, Mumbai, Índia, Publicado pela Asian Productivity Organization, Tóquio, Japão.

Arena, U., Mastellone, M.L. e Perugini, F. (2003) The Environmental Performance of Alternative Solid Waste Management Options: Um estudo de avaliação do ciclo de vida. *Chemical Engineering Journal,* vol. 96, pp. 207-222.

Asnani, P.U. (2004) United States Asia Environmental Partnership Report, United States Agency for International Development, Centre for Environmental Planning and Technology, Ahmadabad.

Asnani, P.U. (2006) India Infrastructure Report, Urban Infrastructure, Oxford University Press, Nova Deli.

Comissão de Auditoria (1997) Waste Matters, Good Practice in Waste Management, Comissão de Auditoria, Londres.

Bargigli, S., Raugei, M. e Ulgiati, S. (2005) Análise do fluxo de massa e indicadores baseados na massa. Em: Jorgensen, Sven E., Costanza, R., Xu, Fu-Liu (Eds.), Handbook of Ecological Indicators for Assessment of Ecosystem Health. CRC Press, Taylor & Francis Group, Florida, pp. 353-378.

Bass S., Dalal-Clayton B. e Pretty J. (1995) Participation in Strategies for Sustainable Development. IIED Londres.

Beigl, P., Lebersorger, S. e Salhofer, S. (2008) Modelling municipal solid waste generation: A review. Waste Management, vol. 28, pp. 200-214.

Bencko, V. e Culikova, H. (1993) Hospital waste management practice in the Czech Republic, Institute of Hygiene. Cent. Eur. J. Public Health, vol. 1(1), pp.57-59.

Bhattacharyya, J.K., Kumar, S., Devotta, S. (2008) Studies on Acidification in Two Phase Bio-Methanation Process of Municipal Solid Waste. Gestão de Resíduos, vol. 28(1), pp.164-169.

Bhide, A.D. e Sundersan, B.B. (1983) Solid Waste Management in Developing Countries, Indian National Scientific Documentation Centre, Nova Deli, Índia.

Bhoyar, R.V., Titus, S.K., Bhide, A.D., Khanna, P. (1996) Municipal and Solid Waste Management in India. Indian Association of Environmental Management vol. 23, pp. 53-64.

Bodin, L.D. e Golden, B. (1981) Classification in vehicle routing and scheduling, Networks 11, pp. 97-108.

Bossink, B.A.G. e Brouwers, H.J.H. (1996) Construction waste: quantification and source evaluation. Journal of Construction Engineering and Management, vol. 122, pp. 55-60.

Brunner, P.H. e Ernst, W.R. (1986) Alternative Methods for the Analysis of Municipal Solid Wastes. *Waste Management and Research,* vol. 4, pp. 147-160.

Burnley, S.J. (2007) The Use of Chemical Composition Data in Waste Management Planning: Um estudo de caso. *Waste Management*, vol. 27, pp. 327-336.

C.E.A. (2001) *Guidelines for the Identification of Solid Waste Disposal Sites*, Central Environmental Authority, Colombo, p. 4.

Centres for Disease Control and Prevention (Centros de Controlo e Prevenção de Doenças) (1994) *Guidelines for Preventing the Transmission of Mycobacterium Tuberculosis in Health-Care Facilities, Morb Mort Weekly Rpt*, vol.43, pp.13.

Chalmin, P. e Gaillochet, C. (2009) *From Waste to Resource, an Abstract of World Waste Survey, Cyclope*. Veolia Environmental Services, Edição Económica, França.

Chandana, K., et.al. (2006) *Municipal Solid Waste Management in The Southern Province of Sri Lanka: Problems, Issues and Challenges (Problemas, questões e desafios)*. Waste Management, vol. 26, pp. 920-930.

Chanlett, E. T. (1973) *Environmental Protection,* McGraw-Hill Publication, Nova Iorque, EUA.

Chatterjee, R. (2010) Gestão dos resíduos sólidos urbanos na cidade de Kohima - Índia. *Iran j Environ Health Sci. and Eng.,* vol.7(2), pp.173-180.

Cherubini F., Bargigli S. e Ulgiati S. (2008) Life Cycle Assessment of Urban Waste Management: Energy Performances and Environmental Impacts the Case of Rome, Italy (Avaliação do ciclo de vida da gestão de resíduos urbanos: desempenhos energéticos e impactos ambientais - o caso de Roma, Itália). *Waste Management,* vol.28, pp. 2552-2564.

Chiueh, P.T., Lo, S.L. and Chang, C.L. (2008) A GIS-based System for Allocating Municipal Solid Waste Incinerator Compensatory Fund. *Waste Management,* vol. 28, pp 2690-2701.

Chouhan, B.M e B.K. Reddy (1996) Bio-energy Scenario in India. *IREDA News.* vol. 7(1), pp.20-27.

Chung, S.S. (2008) Using Plastic Bag Waste to aSsess the Reliability of Self-reported Waste Disposal Data. *Waste Management,* vol. 28, pp. 2574-2584.

Clift, R., Doig, A. e Finnveden, G. (2000) The Application of Life Cycle Assessment to Integrated Waste Management. Parte 1. Metodologia, Transactions of the *Institute of Chemical Engineers,* vol.78 (B), pp. 279-287.

Cointreau, S. (2001) *Declaration of Principles for Sustainable and Integrated Solid Waste Management (SISWM),* Roxbury, EUA.

Cointreau, S. (2006) *Occupational and Environmental Health Issues of Solid Waste Management: Special Emphasis on Middle- and Lower-Income Countries,* The International Bank for Reconstruction and Development/ The World Bank, Washington, DC, disponível em: http://www.worldbank. org/urban, acedido em (1.12.2014)

Cointreau-Levine, S. e Gopalan, P. (2000) *Guidance Pack. Participação do sector privado na gestão dos resíduos sólidos urbanos.* Centro Suíço de Cooperação para o Desenvolvimento em Tecnologia e Gestão.

Collins, C.H. e Kennedy, D.A. (1992) The Microbiological Hazards of Municipal and Clinical Wastes. *J. Appl. Bacteriology,* vol. 73, pp.1-6.

Comissão das Comunidades Europeias (1997) *Guide to the Approximation of European Union Environmental Legislation.* Comissão Europeia, Bruxelas.

Conselho, U.E. (1999) Diretiva 1999/31/CE do Conselho relativa à deposição de resíduos em aterros. *Jornal Oficial das Comunidades Europeias,* L 0182, pp. 1-19.

Courcelle, C., Kestmont, M.P. and Typeca, D. (1998) Assessing the Economic and Environmental Performance of Municipal Solid Waste Collection and Sorting Programmes. *Waste Management & Research,* vol. 16, pp. 253-263.

CPCB (2000) *Status of Municipal Solid Waste Generation, Collection Treatment, and Disposal in Class 1 Cities,* Central Pollution Control Board, Ministry of Environment and Forests, Government of India, New Delhi.

CPCB (2000) *Status of Solid Waste Generation, Collection, Treatment and Disposal in Metrocities*, Central Pollution Control Board (CPCB), Government of India, New Delhi.

CPCB (2000) Status Report on Municipal Solid Waste Management, Ministério do Ambiente e das Florestas, Governo da Índia, Nova Deli.

CPCB (2000a) Management of Municipal Solid Waste, Delhi: Central Pollution Control Board

CPCB (2000b) Manual on Hospital Waste Management, Delhi: Central Pollution Control Board

CPCB (2002) Management of Municipal Solid Wastes, Central Pollution Control Board New Delhi, India.

Dahiya, B. (2003) Hard Struggle and Soft Gains: Environmental Management, Civil Society, and Governance in Pammal. Sul da Índia. Environment and Urbanization, vol.15,(1).

Dahiya, B. (2003) Peri-Urban Environments and Community-Driven Development: Chennai, Cidades da Índia, Sul da Índia. Environment and Urbanization, vol.20 (5) pp. 341-52.

Das, S., Birol, E. e Bhattacharya, R.N. (2008) Informing Efficient and Effective Solid Waste Management to Improve Local Environmental Quality and Public Health: Application of the Choice Experiment Method in West Bengal, India. Environmental Economy and Policy, Research Discussion Paper Series No.33, Department of Land Economy, University of Cambridge, UK.

DEFRA (2004) Review of Environmental and Health Effects of Waste Management: Municipal Solid Waste And Similar Wastes. Extended Summary, Department for Environment, Food and Rural Affairs, Londres, Reino Unido.

Diaz, L.F. (2007) Ética na Gestão de Resíduos Sólidos. Gestão de Resíduos, vol. 27, pp. 593-594.

Diaz, L.F., George, M. Savage, e Eggerth, L.L. (1997) Managing Solid Wastes in Developing Countries. Waste Management, pp. 43-45.

Doran, P. (2002) *World Summit on Sustainable Development (Johannesburg)* - An *assessment for IISD*, Briefing Paper, International Institute for Sustainable Development.

DTIE, (2007a) E-waste: Volume 1: Inventory assessment manual (Osaka/Shiga). Divisão de Tecnologia, Indústria e Economia do Centro Internacional de Tecnologia Ambiental, Banco Mundial, Washington, DC. Disponível em: http://www.unep.or.jp/ietc/Publications/spc/EWasteManual Voll, acedido em 8 de dezembro de 2011.

E.P.A. (2013) National Waste Report for 2011, Agência de Proteção Ambiental, Wexford, Irlanda.

Elliott, P. Briggs, D. Morris, S., Hoogh, C., Hurt, C., Jensen, T.K. et al. (2001), Risk of *Adverse Outcomes in Populations Living Near Landfill Sites. BMJ,* pp. 363-8.

Environment Agency (1996) A Study of the Composition of Collected Household Waste in the United Kingdom With Particular Reference to Packaging Waste. *Relatório técnico da Agência do Ambiente,* The Environment Agency for England and Wales, Bristol, Reino Unido.

Agência do Ambiente (2009) *Environmental Permitting Regulations: Inert Waste Guidance, Standards and Measures for the Deposit of Inert Waste on Land,* disponível em: http://publications.environment- agency.gov.uk/pdf/GEHO0509BPWJ-e-e.pdf acedido em: (1.12.1015)

Environmental Resources Management (1998) *Waste Management Strategy for Northern Ireland.* Governo da Irlanda do Norte, Belfast.

Environmental Resources Management (2001) Strategic *Planning Guide for Municipal Solid Waste Management,* The World Bank Publication, Washington.

Comissão Europeia. N.D. (2011) *Waste Electrical and Electronic Equipment*, disponível em: http://ec.europa.eu/environment/waste/weee/legis en.html, acedido em (20.07.2011).

Goel, S.C. (2001) *Health Care System and Management,* Deep & Deep Publications Pvt. Ltd., Nova Deli.

GOI (1974) *The Water (Prevention and Control of Pollution) Act 1974, No. 6,* Ministério do Ambiente e das Florestas, Governo da Índia, Nova Deli.

GOI (1976) *The Constitution (Forty-second Amendment) Act, 1976,* Ministério do Direito e da Justiça, Governo da Índia, Nova Deli.

GOI (1977) The Water (Prevention and Control of Pollution) Cess Act, 1977, No. 36 of 1977, Ministério da Lei, Justiça e Assuntos da Empresa, Governo da Índia, Nova Deli.

GOI (1981) The Air (Prevention and Control of Pollution) Act, 1981, No. 14 of 1981, Ministério do Ambiente e das Florestas, Governo da Índia, Nova Deli.

GOI (1986) The Environment (Protection) Act, 1986, No. 29 of 1986, Ministério do Ambiente e das Florestas, Governo da Índia, Nova Deli.

GOI (1989) Hazardous Waste (Management and Handling) Rules (1989), Ministério do Ambiente e das Florestas, Nova Deli.

GOI (1991) The Public Liability Insurance Act, No. 6 of 1991, Ministério do Direito e da Justiça, (Departamento Legislativo), Governo da Índia, Nova Deli.

GOI (1995) The National Environment Tribunal Act, NO.27 of 1995, Ministério do Direito e da Justiça, (Departamento Legislativo), Governo da Índia, Nova Deli.

GOI (1995) Urban Solid Waste Management, Report of the High Power Committee, Comissão de Planeamento da Índia, Governo da Índia.

GOI (1998) Bio-medical Waste (Management and Handling) Rules, 1998, Ministério do Ambiente e das Florestas, Nova Deli.

GOI (1998) Recycled Plastic Usage Rules 1998, Ministry of Environment and Forests Notification New Delhi, The 20th November, 1998.

GOI (2000) Municipal Solid Waste (Management and Handling) Rules, 2000, Governo da Índia, Nova Deli.

GOI (2000) Municipal Solid Wastes (Management and Handling) Rules, 1999, Notificação do Ministério do Ambiente e das Florestas, MoEF, Governo da Índia, Nova Deli.

GOI (2003) Report of the Technology Advisory Group on Solid Waste Management, Government of India Publications, New Delhi.

GOI (2004) Biomedical Waste Management Status in NCT of Delhi, Dept. of Health Services, Govt. of NCT, Delhi.

Goldman, L.R. Paigen, B., Magnant, M.M. and Highland, J.H. (1985) Low Birth Weight, Prematurity and Birth Defects in Children Living Near the Hazardous Waste Site, Love Canal. *Hazard Waste Hazard Mater,* vol. 2, pp. 209-23.

Gousheng, L. e Jianguo, Y. (2007) Análise de correlação cinzenta e modelos de previsão da produção de resíduos vivos na cidade de Xangai. *Waste Management,* vol. 27, pp. 345-351.

Greenpeace (1997) *The Waste Invasion. Disponível em:* http:// www.greenpeace.org/~comms/no.nukes, acedido em (06.08.2015).

Greenpeace (1998) *Dutch PVC Waste Still Exported to Asia: call for an end to delayed dumping. Disponível em:* http:// <u>www.greenpeace.org/pressrelease/toxics/</u> 1998feb4.html, acedido em (10.09.2015).

Gupta, S., Mohan, K., Prasad, R., Gupta, S. e Kansal, A. (1998) Solid Waste Management in India: Options and Opportunities. *Resources, Conservation and Recycling,* vol. 24(2), pp. 115-137.

Habil, I. et.al. (2008) Pay-as-you-throw - A Tool for Urban Waste Management. *Waste Management.*

vol. 28, pp. 2759.

Halbwachs, H. (1994) *Solid Waste Disposal in District Health Facilities. Fórum Mundial da Saúde*, vol. 15(4), pp. 363-367.

Hauri, A. et al. (2004) *Who Global Burden of Disease Study* 2000. *Int. J. Std. Aids*, vol. 15, pp.7-16.

Heikki, T.J. (2000) *Strategic Planning of Municipal Solid Waste Management. Resources, Conservation and Recycling,* vol. 30(2), pp. 111-133

Hester, R.E. e Harrison, R.M. (2002) *Environmental and Health Impact of Solid Waste Management Activities; Issues in Environmental Science and Technology.* Manchester: The Royal Society of Chemistry, Cambridge, Reino Unido.

Hoornweg, D. (2002) *What A Waste: Solid Waste Management in Asia (Gestão de resíduos sólidos na Ásia). UNEP Industry and Environment,* vol. (1), pp.65-70.

Hoornweg, D., e Laura, T. (1999) *What a Waste: Solid Management in Asia. Pacific Region.* Urban and Local Government Working Paper Series, Working Paper Series No. 1, The World Bank, Washington, DC.

Hoornweg, D., Laura, T., e Lambert, O. (2000) Composting and its Applicability in Developing Countries. Série de Documentos de Trabalho nº 8. Desenvolvimento Urbano. Washington DC,

Hristovski, K. et.al (2007) The Municipal Solid Waste System and Solid Waste Characterization at The Municipality of Veles, Macedonia. Gestão de Resíduos, vol. 27, pp. 1680-1689.

hyamala, M., Anil, K., Reema, B. e Ayushman, C. (2001) Scenario of Biomedical Waste Management in Delhi, Report by CEE, Delhi.

Idris, A., Inane, B. e Hassan, M.N. (2004) Overview of Waste Disposal and Landfills/Dumps in Asian Countries. Journal of Material Cycles and Waste Management, vol. 6, pp. 104-110.

IPCC (2006) The Intergovernmental Panel on Climate Change (IPCC) Guidelines for National Greenhouse Gas Inventories-Waste. Instituto para Estratégias Ambientais Globais (IGES), Hayama, Japão, vol.5.

IPCC (2007) Alterações Climáticas 2007: Grupo de Trabalho III: Mitigação das Alterações Climáticas. Organização Meteorológica Mundial, Genebra, Suíça.

IPCC (2007) Contribuição do Grupo de Trabalho III para o Quarto Relatório de Avaliação do Painel Intergovernamental sobre as Alterações Climáticas. B. Metz, O.R. Davidson, P.R. Bosch, R. Dave, L.A. Meyer (eds), Cambridge University Press, Cambridge, Reino Unido e Nova Iorque, NY, EUA.

Jha, A. K., Sharma, C., Singh, N., Ramesh, R., Purvaja, R. e Gupta, P. K. (2008) Greenhouse Gas Emissions from Mu-nicipal Solid Waste Management in Indian Mega-Cities: A Case Study of Chennai Landfill Sites. Chemosphere, vol. 71(4), pp. 750-758.

Jones, A., Berry, A. e Leach, B. (1996) Analysing household wastes: a new method for the analysis and estimation of household waste arising, Department of the Environment report CWM 149/95, The Environment Agency for England and Wales, Bristol, UK.

Kane, A., Lloyd, J., Zaffran, M., Simonsen, L. e Kane, M. (1999) Transmission of hepatitis B, hepatitis C, and human immunodeficiency viruses through unsafe injections in the developing world: model-based regional estimates. Boletim da Organização Mundial de Saúde, vol. 41, pp.151-154.

Kansal, A. (2002) Solid Waste Management Strategies for India (Estratégias de gestão de resíduos sólidos para a Índia). Indian Journal of *Environmental Protection,* vol. 22(4), pp. 444-448.

Kansal, A., Prasad, R.K. e Gupta, S. (1998) Delhi Municipal Solid Waste and Environment: An Appraisal. *Indian Journal of Environmental Protection*, vol. 18(2), pp. 123-128.

Kapepula, K.M. et.al. (2007) Uma análise de critérios múltiplos para a gestão de resíduos sólidos domésticos na comunidade urbana de Dakar. *Waste Management*, vol. 27, pp. 1690-1705.

Khatib, I.A. (2011) Gestão dos resíduos sólidos urbanos nos países em desenvolvimento: Future Challenges and Possible Opportunities (Desafios futuros e possíveis oportunidades). Em Kumar, S. (ed.), *Integrated Waste Management*, vol. II.

Klangsin, P. and Harding, A.K. (1998) Medical waste treatment and disposal methods used by hospitals in Oregon. *J. Air Waste Manage. Assoc.*, vol.48(6), pp. 516-526.

Kobus, D. (2003) *Cities of Change A Network of Municipalities in Central and Eastern Europe*, Bertelsmann Stiftung, Guterslo, Banco Mundial, Washington, D.C., disponível em *www.citiesofchange.net,* acedido em (0 1.01.2016)

Kreith, R. e Tchobanoglous, G. (2002), *Handbook of Solid Waste Management*. McGraw-Hill, Inc., Nova Iorque.

Kum, V., Sharp, A. e Harnpornchai, N. (2005*)* Improving the solid waste management in phnom Pench city: a strategic approach (Melhorar a gestão dos resíduos sólidos na cidade de Phnom Pench: uma abordagem estratégica). *Journal of Waste Management*, vol. 25(1), pp.101-109.

Kumar S., Bhattacharyya J.K., Chakrabarti T., Devotta S. e Akolkar A.B. (2009) Assessment of the status of municipal solid waste management in metro cities, state capitals, class I cities, and class II towns in India: An insight. *Waste Management.* vol. 29, pp. 883-895.

Lakshmikantha, H. (2006) Report on waste dump sites around Bangalore. *Waste Management*, vol. 26, pp. 640-650.

Landrigan, P.J., et.al. (1998) Vulnerable Populations, em Jessica A. Herzstein et.al. (ed.), International Occupational and Environmental Medicine, Mosby, Missouri.

Liberti, L., Tursi, A., Costantino, N., Ferrara, L. e Nuzzo, G. (1996) Otimização da gestão dos resíduos infecciosos em Itália: Parte II: caraterização dos resíduos por origem. *Waste Manage. Res.,* vol. 14, pp. 417-431.

Lingan B.A., Poyyamoli, G. e Boss, U.J.C. (2014) Avaliação da poluição atmosférica e dos seus impactos perto do local de despejo de resíduos sólidos municipais Kammiyampet, Cuddalore, Índia. *Revista Internacional de Investigação Inovadora em Ciência, Engenharia e Tecnologia*, vol. 3(5), pp.12588-593.

Listorti, J.A. e Doumani, F.M. (2001) *Environmental Health: Bridging the Gaps*, World Bank Discussion, Paper No.422, Banco Mundial, Washington, D.C.

Lundgren, K. (2012) *O impacto global dos resíduos electrónicos: Addressing the challenge*, Trabalho seguro e sector, Organização Internacional do Trabalho, Genebra, Suíça.

Maity S.K. et al. (2011) Um estudo de caso sobre a gestão de resíduos sólidos urbanos em Salt Lake City International. *Journal of Engineering Science and Technology (IJEST),* vol. 3(8) pp. 6208- 6211.

Manahan, S.E. (2000) *The Anthroposphere, Industrial Ecosystems, and Environmental Chemistry.* Boca Raton: CRC Press LLC.

Marchettini, N., Ridolfi, R. e Rustici, M. (2007) An environmental analysis for comparing waste management options and strategies. *Waste Management*, vol. 27, pp. 562-571.

Marcin, T.C., Durbak, I.A., Ince, P.J. (1994) *Source reduction strategy and technological change affecting demand for pulp and paper in North America.* Centro de Comércio Internacional de Produtos Estrangeiros (Actas), pp.146-164.

Markowitz, P. (2000) *Guide to Implementing Local Environmental Action Programs in Central and Eastern Europe.* The Regional Environmental Centre and the Institute for Sustainable

Communities, Szentendre, Hungria.

McBean, E.A., Del Rosso, E. e Rovers, F.A. (2005) Improvements in Financing for Sustainability in Solid Waste Management. *Resources, Conservation and Recycling*, vol. 43, pp. 391-701.

McDougall, F. (2000) LCA Supports Integrated Approach to Solid Waste Management Systems. Local Authority Waste & Environment. vol. 8(5), pp. 10-11.

McDougall, F. (2001) Life Cycle Tools for Integrated Waste Management systems (Ferramentas do ciclo de vida para sistemas de gestão integrada de resíduos). Boletim Warmer, nº 76, p.4.

McDougall, F. et al. (2000) Integrated solid waste management: a life cycle inventory (Gestão integrada de resíduos sólidos: um inventário do ciclo de vida). Blackwell Science, Oxford.

McDougall, F., e Fonteyne, J. (1999) Towards an integrated approach to waste management - the lessons learned from case studies of European waste management systems. Diretório Internacional de Gestão de Resíduos Sólidos 1999/2000. The ISWA Yearbook, James & James Ltd., Londres, pp. 16-26.

McDougall, F., and Hruska, J.P. (2000) The use of Life Cycle Inventory tools to support an integrated approach to solid waste management. Waste Management & Research. vol.18(6), pp.590-594.

Medina, M. (2000) Scavenger cooperatives in Asia and Latin America. Resources, *Conservation and Recycling,* vol. 31, pp. 51-69.

MoEF (2000) *Draft on Status of Implementation of the Hazardous Waste Rules, 1989.* Ministério do Ambiente e das Florestas, Nova Deli.

MoEF (2001) *Hazardous Waste: Special Reference to Municipal Solid Waste Management*, India: State of Environment, Ministério do Ambiente e das Florestas, Nova Deli.

Mor, S., Vischher, A., Ravindra, K., Dahiya, R.P., Chandra, A. e Van Cleemput, O. (2006) Induction of enhanced methane oxidation in compost: Temperature and moisture response, *Waste Management*, vol. 26(4), pp.381-388.

Relatório MOUD (2005) *Management of Solid Waste in Indian Cities*, Ministério do Desenvolvimento Urbano, Governo da Índia, Nova Deli.

MOUDPA (2000) Manual on Solid Waste Management, Ministério do Desenvolvimento Urbano e do Alívio da Pobreza, Publicações do Governo da Índia, Nova Deli, (2003), Projeto de Relatório do Grupo Central sobre Tecnologia Apropriada, Investigação e Desenvolvimento (SWM), Grupo Consultivo sobre Tecnologia, Ministério do Desenvolvimento Urbano, Governo da Índia, Nova Deli.

Mrayyan, B. e Hamdi, M. R. (2006) Management approaches to integrated solid waste in industrialized zones in Jordan: A case of Zarqa City, Waste Management, vol. 26, pp.195-205.

National Waste Management Council (1999) Source and Quantum of generation of some major industrial waste, Ministério do Ambiente e das Florestas, Governo da Índia.

NEERI (1995) Strategy Paper on SWM in India, Instituto Nacional de Investigação em Engenharia Ambiental, Nagpur.

NEERI Report (1997) Strategy Paper on Solid Waste Management in India, National Environmental Engineering research Institute, Nagpur.

Relatório NEERI (2005) Assessment of Status of Municipal Solid Waste Management in Metro Cities, State Capitals, Class I Cities and Class II Towns, National Environmental Engineering research Institute, Nagpur.

Nordone, A.J., White, P.R., McDougall, F.R., Parker, G.G, Garmendia, A-M. e Franke, M. (2002) Integrated Waste Management in Environmental And Ecological Sciences, Engineering

And Technology Resources in Encyclopedia of Life Support Systems (EOLSS) Developed under the Auspices of the United Nations Educational, Scientific and Cultural Organization (UNESCO). UNESCO, Eolss Publishers, Oxford ,UK, disponível em http://www.eolss.net, (23.09.2015)

O'Leary, P.R. et al. (1999) *Decision Maker's Guide to Solid Waste Management,* Environmental Protection Agency, vol. 2, Washington DC, EUA.

OCDE (1995) OECD Environmental Data Compendium 1995, OCDE, Paris.

OCDE (1995) The economic appraisal of environmental projects and policies. Um guia prático. Organização para a Cooperação e Desenvolvimento Económico, Paris.

Pawan, S., Sikka, P., Maheshwari, R.C. e Chaturvedi, P. (1997) Management of Municipal Solid Waste, Bio Energy for Rural Energization. Departamento de Ciência e Tecnologia, Nova Deli, Índia, pp. 205-209.

Peavy, H.S., Rawe, D.R. e Tchobanoglous, G. (1985) Environmental Engineering, McGraw-Hill Book Company, Singapura.

Phare (1997) Environmental project development manual. Um guia para a identificação e preparação de projectos na Europa Central e Oriental. Comissão Europeia, Bruxelas.

Phare (1999). Handbook on the Implementation of EC Environmental Legislation (Manual sobre a aplicação da legislação ambiental da CE). Comissão Europeia, Bruxelas.

Pinto, V.N. (2008) O perigo dos resíduos electrónicos: O desafio iminente. Indian J *Occup Environ Med.,* vol. 12(2), pp. 65-70.

Pruss, A., Giroult, E., Rushbrook, P. (1999) *Safe management of wastes from health-care activities,* Organização Mundial de Saúde, Genebra, Suíça.

Raje, D.V., Wakhare, P.D., Dishpande, A.W. e Bhide, A.D. (2001) An approach to assess level of satisfaction of the residents in relation to SWM system. *Journal of Waste Management and Research,* vol. 19, pp.12-19.

Rajkumar, et al. (2012) Impacto do lixiviado na poluição das águas subterrâneas devido a aterros de resíduos sólidos urbanos não projectados da cidade de erode, Tamil Nadu, Índia. *Iranian Journal of Environmental Health Sciences & Engineering*, vol. 9, pp. 35, disponível em http://www.ijehse.Com/content/9/1/35 (15.07.2015)

Rawat, M., Ramanathan, A. e Kuriakose, T. (2013) *Characterization ofMunicipal Solid Waste Compost (MSWC) from Selected Indian Cities-A Case Study for Its Sustainable Utilization, Journal of Environmental Protection*, vol. 4(2), pp. 163-171.

Rawat, M., Ramanathan, A.L. and Kuriakose, T. (2013) Characterisation of Municipal Solid Waste Compost (MSWC) from Selected Indian Cities-A Case Study for Its Sustainable Utilisation. *Jornal de Proteção Ambiental*, vol. 4, pp.163171.

Richard, T.L. (1992) Municipal solid waste composting: physical and biological processing. *Biomass and Bio energy*, vol. 3(3-4), pp.163-180.

Rotich, H. K., Zhao, Y. e Dong, J. (2006) Municipal solid waste management challenges in developing countries Kenyan case study. *Waste Management*, vol. 26, pp. 92-100.

Rushton, L. (2003) Health hazards and waste management (Riscos para a saúde e gestão de resíduos). British Medical Bulletin; vol. 68, pp- 183-197.

Saarela, J. (2003) Pilot investigations of surface parts of three closed landfills and factors affecting them. Environ Monit Assess, vol. 84(1) pp. 83-192.

SA-EPA (2009) EPA 842/09: Waste Guidelines, Environmental Protection Authority, Adelaide Service SA Centre, North Terrace, Adelaide SA.

Salvato, J.A. (1992) Solid waste management, Environmental Engineering and Sanitation, Fourth ed.,

Wiley, pp. 662-766.

SC (1999) Report of the Supreme Court Appointed Committee on Solid Waste Management in Class I Cities in India, Supremo Tribunal da Índia, Nova Deli.

Schluep, M. et al. (2009) Recycling: From e-waste to resources, Sustainable Innovation and Technology Transfer Industrial Setor Studies, PNUA, Nairobi.

Scholer G. e Walther, C. (2003) A Practical Guidebook on Strategic Management for Municipal Administration A Knowledge Product of Cities of Change Bertelsmann Stiftung, Guterslo and World Bank, Washington, D.C. disponível em www.citiesofchange.net, (01.12.15).

Seadon, J.K. (2006) Integrated waste management - Looking beyond the solid waste horizon. Waste Management, vol. 26, pp. 1327-1336.

Seal, S.C. (1975) Health Administration in India, Ananda Press & Publications Pvt. Ltd., Calcutá, pp. 1-638.

Shafiul, A.A. e Mansoor, A. (2004) Partnerships for solid waste management in developing countries: linking theories to practice,. Habitat International, vol. 28, pp. 467-479.

Sharholy, M. et.al. (2007) Municipal solid waste characteristics and management in Allahabad, India, Waste Management, vol. 27, pp. 490-496.

Shekdar, A.V., (1999) Municipal solid waste management - the Indian experience. Associação Indiana de Gestão Ambiental, vol. 27, pp. 100-108.

Shimura, S., Yokota, I. e Nitta, Y. (2001) Research for MSW flow analysis in developing nations, Journal of Material Cycles and Waste Management, vol. 3, pp. 48-59.

Shyamala, M., Kumar, A., Banerjee, R. e Chowdhury, A. (2001) Scenario of Biomedical Waste Management in Delhi, Report by CEE, Delhi.

Simonetto, E. D. e Borenstein, D. (2007) Um sistema de apoio à decisão para o planeamento operacional da recolha de resíduos sólidos. *Waste Management,* vol. 27, pp. 1286-1297.

Singhal, S., Pande, S., (2000) Solid waste management in India: status and future diretions, *TERI Information Monitor on Environmental Science*, vol.6 (1), pp. 1-4.

Stephen J. B. (2007) A review of municipal solid waste composition in the United Kingdom [Uma análise da composição dos resíduos sólidos urbanos no Reino Unido]. *Waste Management*, vol. 27, pp.1274-1285.

Strategic Approach to International Chemicals Management (2009) Background information in relation to the emerging policy issue of electronic waste, documento apresentado na Conferência Internacional sobre Gestão de Produtos Químicos, Genebra.

Sudhir, V., Srinivasan, G. e Muraleedharan, V.R. (1997) Planning for sustainable solid waste management in urban India. *System Dynamics Review*, vol. 13(3), pp. 223-246.

Sufian, M.A. e Bala, B.K. (2007) Modelação do sistema de gestão de resíduos sólidos urbanos: The case of Dhaka city, *Waste Management*, vol. 27, pp. 858-868.

Supremo Tribunal (1999) *Report of the Supreme Court Appointed Committee on Solid Waste Management in Class I Cities in India*, Supremo Tribunal da Índia, Nova Deli.

Tasaki, T. (2007) A GIS-based zoning of illegal dumping potential for efficient surveillance, *Waste Management*, vol. 27, pp. 256-267.

Tchobanoglous, G., Theisen, H. e Vigil, S. (1993) *Integrated Solid Waste Management: Engineering Principles and Management Issues,* McGraw-Hill series in water resources and environmental engineering, McGraw-Hill, Inc., New York.

Thorneloe, S. A., Weitz, K. e Jambeck, J. (2007) Application of the US decision support tool for materials and waste management. *Waste Management*, vol. 27, pp. 1006-1020.

Thorneloe, S.A. and Weitz, K.A. (2003) *Holistic approach to environmental management of municipal solid waste*, Proceedings Sardinia, Ninth International Waste Management and Landfill Symposium, CISA publisher, Cagliari.

Thorneloe, S.A. e Weitz, K.A. (2004) Sustainability and waste management, Proceedings from Sustainable Waste Management, Waste Management Association of Australia, Nov 24-26, 2004, Melbourne, Austrália.

Tung, D.V. e Pinnoi, A. (2000) Vehicle routing-scheduling for waste collection in Hanoi, European Journal of Operational Research, vol. 125, pp.449-468.

ONU (2007) *Framing Sustainable Development the Brundt land Report - 20 Years on, Sustainable Development in action,* Comissões das Nações Unidas para o Desenvolvimento Sustentável, Divisão para o Desenvolvimento Sustentável, Departamento de Assuntos Económicos e Sociais, Nova Iorque, EUA.

UN- HABITAT (2010) Solid Waste management in the world cities water and sanitation in world cities, Programa das Nações Unidas para os Assentamentos Humanos (UN-HABITAT), Nairobi, Quénia.

PNUD (1998) *Lessons for Improving Service Delivery: Learnings from Private and Non- formal Sectors in Solid Waste Management,* PNUD-Banco Mundial, World Bank Water and Sanitation Program- South Asia, Nova Deli, Índia.

PNUD (1999) *Community-Based Action Planning for Effective Solid Waste Management, Kuppam, Andhra Pradesh,* PNUD-Banco Mundial, World Bank Water and Sanitation Program-South Asia, Nova Deli, Índia.

PNUD (1999) *Profits from Waste: A NGO-Led Initiative for Solid Waste Management in Lucknow, Uttar Pradesh, India,* PNUD-Banco Mundial, Water and Sanitation Program-South Asia, Nova Deli, Índia.

PNUD (2000) Pilot Project on Solid Waste Management in Khulna City: Community Organization and Management, PNUD-Banco Mundial, Water and Sanitation Program-South Asia, Nova Deli, Índia.

PNUA (1972) *Declaração da Conferência das Nações Unidas sobre o Ambiente Humano, Estocolmo*, Programa das Nações Unidas para o Ambiente, Nairobi, Quénia.

PNUA (1992) *Declaração do Rio sobre Ambiente e Desenvolvimento*, Programa das Nações Unidas para o Ambiente, Nairobi, Quénia.

PNUA (2000) *Guia metodológico para a realização de inventários nacionais de resíduos perigosos no âmbito da Convenção de Basileia,* Convenção de Basileia sobre o Controlo de Movimentos Transfronteiriços de Resíduos Perigosos e sua Eliminação, Série/SBC nº 99/009 (E)

PNUA (2001) India: state of the environment 2001, Programa das Nações Unidas para o Ambiente, Centro Regional de Recursos para a Ásia e o Pacífico, Instituto Asiático de Tecnologia, Tailândia.

PNUA (2004) Waste Management Planning-An Environmentally Sound Approach for Sustainable Urban Waste Management-An Introductory Guide for Decisionmakers, United Nations Publications, Nairobi, Kenya.

PNUA (2010) Framework of global partnership on waste management, nota do secretariado, disponível em http://www.unep.or.jp/Ietc/SPC/ news-nov10/3_Framework of gpwm. pdf, (06.09.2011)

PNUA (2010) Waste and Climatic Change, Global Trends and Strategy Framework, Divisão de Tecnologia, Indústria e Economia, Centro Internacional de Tecnologia Ambiental, Osaka/Shiga.

PNUA (2011) Waste investing in energy and resource efficiency: towards a green economy, Programa das Nações Unidas para o Ambiente, Genebra.

PNUA (2014) Emerging issues in our global environment, UNEP Year Book, Programa das Nações Unidas para o Ambiente, Nairobi, Quénia.

UNEP-IETC (2003) Innovative Communities: Community Centred Approaches to Sustainable Environmental Management, Programa das Nações Unidas para o Ambiente, Centro Internacional de Tecnologia Ambiental, Osaka, Japão.

UNFCCC (2004) Baseline methodology for bio-methanation of municipal solid waste in India, using compliance with MSW rules, UNFCCC/CCNUCC, AM0012 / Version 01, Sectoral Scope: 13, 11 de agosto de 2004.

UN-HABITAT (2001) Cities in a Globalizing World, Global Report on Human Settlements, Earthscan Publications Ltd. Londres, Reino Unido.

UN-HABITAT (2010) Collection of Municipal Solid Waste in Developing Countries, Programa das Nações Unidas para os Assentamentos Humanos (UN-HABITAT), Nairobi, Quénia.

UN-HABITAT (2011) Collection of Municipal Solid Waste Key issues for Decisionmakers in Developing Countries, Programa das Nações Unidas para os Assentamentos Humanos, Nairobi, Quénia.

Nações Unidas (1992) Agenda 21 Desenvolvimento Sustentável das Nações Unidas, Conferência das Nações Unidas sobre Ambiente e Desenvolvimento, Departamento de Assuntos Económicos e Sociais das Nações Unidas, Programa das Nações Unidas para os Assentamentos Humanos (UN Habitat), Washington, D.C.http:/ / www.un.org/esa/sustdev/ agenda21.htm (16.07.2015).

Nações Unidas (1999) Environmental Performance Review, Comissão Económica das Nações Unidas para a Europa, Croácia. Nova Iorque e Genebra, Nações Unidas.

Departamento de Assuntos Económicos e Sociais das Nações Unidas (2010) Trends in solid waste management: issues, challenges, and opportunities, International Consultative Meeting on Expanding Waste Management Services in Developing Countries (Final Draft), 18-19 de março de 2010, Tóquio, Japão.

US EPA (2005) Municipal Solid Waste Generation, Recycling and Disposal in the United States: Facts and Figures for 2003, EPA530-F- 05-003, U.S. Environmental Protection Agency, Washington DC, EUA.

US EPA (2006b) Solid Waste Management and Greenhouse Gases - A Life-Cycle Assessment of Emissions and Sinks, 3ª edição, U.S. Environmental Protection Agency, Washington DC, EUA.

US EPA (2009) Opportunities to Reduce Greenhouse Gas Emissions through Materials and Land Management Practices, Agência de Proteção Ambiental dos EUA, Washington DC, EUA.

US-EPA (2006a) Global Anthropogenic Non-CO2 Greenhouse Gas Emissions: 19902020, Office of Atmospheric Programs, Climate Change Division, U.S. Environmental Protection Agency, Washington DC, EUA.

US-EPA (2013) Municipal solid waste in United States 2011 facts and figures, Office of Solid Waste, United States Environmental Protection Authority, Washington, EUA.

Verma, L. K. (2007) *Managing Healthcare Waste - a Practical Approach,* Knowledge World, p. 69.

Verma, L.K., Mani, S., Sinha, N. e Rana, S. (2008) *Biomedical waste management in nursing homes and small hospitals in Delhi*, Waste Management, vol. 28, pp. 2723-2734.

Vianna, N.J. e Polan, A, K. (1984) Incidence of low birth weight among Love Canal residents, *Science*, vol. 226, pp. 1217-9.

Visvanathan C. e Trankler, J. (2003) Municipal Solid Waste Management in Asia- A Comparative Analysis, Workshop on Sustainable Landfill Management 3-5 December,; Chennai, India, pp. 3-15

Wang, J. e Nie, Y. (2001) Remedial strategies for municipal solid waste management in China. *Journal of the Air and Waste Management Association*, vol. 51, pp. 264-272.

WCED (1987) *Our Common Future, Report of the World Commission on Environment and Development,* documento A/42/427 - Development and International Cooperation: Ambiente, Assembleia Geral das Nações Unidas, Nova Iorque, EUA.

Weitz, K.A., et.al. (1999) *Life cycle management of municipal solid waste*, International Journal of Life Cycle Assessment, vol. 4(4), pp.195-201.

White, P., Franke, M. e Hindle, P. (1995) *Integrated Solid Waste Management: A LifeCycle Inventory.* Blackie Academic & Professional, Glasgow.

OMS (1986) *Guides for Municipal Solid Waste Management in Pacific Island Countries,* Healthy Cities - Healthy Islands, Centro Regional de Saúde Ambiental do Pacífico Ocidental (EHC), Série de Documentos, n.º 6, Kuala Lumpur, Malásia.

OMS (1995) *Survey of hospital wastes management in South-East Asia Region,* Organização Mundial de Saúde, Nova Deli, Gabinete Regional para o Sudeste Asiático.

OMS (1999) *Safe Management Wastes from Healthcare Activities,* Pruss, A., Giroult, E., Rushbrook, P. (Eds.), Organização Mundial de Saúde, Genebra.

OMS (2000) *Wastes from Healthcare Activities,* Fact Sheet No. 253, Organização Mundial de Saúde, OMS.

OMS (2004) Review of Health Impacts from Microbiological Hazards in Health-Care Wastes, Departamento de Segurança do Sangue e Tecnologia Clínica e Departamento de Proteção do Ambiente Humano, Organização Mundial de Saúde, Genebra, Suíça.

OMS (2014) Safe management of wastes from health-care activities, Organização Mundial de Saúde, Genebra, Suíça.

Wilson D., Whiteman A. e Tormin A. (2001) Strategic Planning Guidelines for Solid Waste Management Banco Mundial Washington DC, EUA.

Wilson, E., McDougall, F. e Willmore, J. (2001) Euro-trash: searching Europe for a more sustainable approach to waste management, Resources, Conservation and Recycling. vol. 31(4), pp. 327-346.

Banco Mundial (1994) Environmental Action Programme for Central and Eastern Europe, Banco Mundial, Washington.

Banco Mundial (1997a) What a Waste, Banco Mundial, Washington DC, EUA.

Banco Mundial (1997b) Per Capita Solid Waste Generation in Developed Nations, Banco Mundial, Washington, DC, EUA.

Banco Mundial (1999) What a Waste: Solid Waste Management in Asia, Banco Mundial, Washington, DC.

Banco Mundial (1999) What a Waste: Solid Waste Management in Asia, Banco Mundial, Washington DC, p. 45.

Banco Mundial (2003) Practical Guidebook on Strategic Planning in Municipal Waste *Management,* Dariusz Kobus (ed.) 2003, Bertelsmann Stiftung, Guterslo, Banco Mundial, Washington, D.C.

Banco Mundial (2004) *Strategic Planning Guide for Municipal Solid Waste Management,* Environmental Resources Management (ERM), Banco Mundial, Washington, D.C.

Banco Mundial (2008) *Secured Landfills the Bucket at the End of the Solid Waste Management*

Chain, Water and Sanitation Program South Asia, Lodi Estate, New Delhi.

Banco Mundial (2012) What a Waste a Global Review of Solid Waste Management Urban development Series Urban Development & Local Government Unit, Banco Mundial, Washington DC, EUA.

Zhu, D., Asnani, P. U., Zurbrugg, C., Anapolsky, S. e Mani, S. (2008) *Development studies improving municipal solid waste management in India, a sourcebook for policy makers and practitioners*, Banco Internacional para a Reconstrução e o Desenvolvimento, Banco Mundial, Washington, DC, EUA.

Zurbrugg, C., Drescher, S., Patel A., Sharatchandra, H.C. (2003) Taking a closer look at decentralised composting schemes - Lessons from India, in: Asian Society for Environmental Protection (ASEP), *Newsletter,* pp. 1-10.

Zurbrugg, C., Drescher, S., Patel, A., Sharatchandra, H.C. (2004) Decentralized composting of urban waste - an overview of community and private initiatives in Indian cities, *Waste Management, vol.* 24 (7), pp. 655- 662.

Glossário

Agenda 21: Um plano de ação abrangente a ser tomado a nível global, nacional e local pelas organizações das Nações Unidas.

Resíduos biomédicos: Normalmente associados à produção de resíduos de origem médica ou laboratorial (por exemplo, embalagens, ligaduras não utilizadas, kits de infusão, etc.), bem como resíduos de laboratório de investigação que contêm biomoléculas ou organismos cuja libertação no ambiente é proibida.

Bio-metanação: É um processo complexo de produção de metano e dióxido de carbono através de hidrólise, acidificação e metanogénese. Gera biogás sob a forma de gás de aterro.

Saúde Ambiental: estudo da relação entre as variações do meio ambiente e o estado de saúde do homem. Este estado de equilíbrio dinâmico é frequentemente distribuído pela urbanização, industrialização e outros padrões de organização social.

Resíduos electrónicos: Os resíduos electrónicos ou e-waste incluem dispositivos eléctricos ou electrónicos descartados que podem causar graves problemas de saúde e poluição.

Produtividade Verde: A abordagem da Produtividade Verde (PG) baseia-se em estratégias de sustentabilidade que garantem um ambiente limpo, seguro e saudável. A implementação de uma sociedade de eco-circulação para uma comunidade verde e produtiva baseia-se no princípio do desenvolvimento sustentável.

Resíduos perigosos: Resíduos que representam uma ameaça substancial ou potencial para a saúde pública ou para o ambiente. Estes resíduos podem encontrar-se em diferentes estados físicos, tais como gasosos, líquidos ou sólidos. Um resíduo perigoso é um tipo especial de resíduo porque não pode ser eliminado por meios comuns.

Saúde: Um estado de completo bem-estar físico, mental e social e não apenas a ausência de doenças e enfermidades.

Gestão integrada de resíduos sólidos (*Integrated SWM):* A gestão integrada de resíduos sólidos é um novo e amplo consenso internacional que surgiu para gerir os resíduos sólidos urbanos e urbanos de forma sustentável. Inclui um sistema de gestão de resíduos inclusivo, financeiramente sustentável e com capacidade de resposta institucional para as partes interessadas.

Aterro sanitário: Solo preenchido com pedras em vez de materiais residuais, de modo a poder ser utilizado para um fim específico. É o método mais comum de eliminação organizada de resíduos.

Lixiviado: Qualquer líquido que, ao passar através da matéria, extrai sólidos solúveis ou em suspensão, ou qualquer outro componente do material através do qual passou.

Resíduos sólidos urbanos (RSU): É um tipo de resíduo que consiste em objectos do quotidiano que são descartados pelo público, vulgarmente conhecidos como lixo, resíduos ou entulho. Inclui predominantemente resíduos alimentares, resíduos de mercado, resíduos de quintal, contentores de plástico e materiais de embalagem de produtos e outros resíduos sólidos diversos provenientes de fontes residenciais, comerciais, institucionais e industriais.

PAYT: O sistema PAYT (Pay-As-You-Throw) é um instrumento poderoso para apoiar e otimizar a política de gestão de resíduos e melhorar a situação da produção de resíduos urbanos, aumentando a separação e a reciclagem de resíduos. O sistema PAYT cobra um montante variável em função da quantidade de resíduos gerados e do serviço correspondente recebido para a sua eliminação.

Prevenção da poluição: A prevenção da poluição, conhecida como (P2), elimina a produção de poluentes na sua fonte. A P2 pode ser alcançada através de uma variedade de actividades, incluindo alterações nos processos de fabrico, substituição de produtos poluentes por produtos não poluentes e simplificação de embalagens.

Reciclagem: É um processo de conversão de materiais residuais em materiais reutilizáveis para evitar o desperdício de materiais potencialmente úteis. A reciclagem é uma componente fundamental da moderna redução de resíduos e é a terceira componente da hierarquia de resíduos "Reduzir, Reutilizar e Reciclar".

Aterro regional: Um aterro comum concebido para servir 15 a 20 municípios em grupos.

Aterro sanitário: A eliminação controlada de resíduos no solo, realizada de forma a reduzir significativamente o contacto entre os resíduos e o ambiente, e a concentrar os resíduos numa área bem definida.

Aterros sanitários seguros: Uma instalação concebida com medidas de proteção contra a poluição das águas subterrâneas, das águas superficiais e do ar, incluindo o controlo de poeiras, detritos arrastados pelo vento, maus cheiros, riscos de incêndio, ameaça de aves, pragas ou roedores, emissões de gases com efeito de estufa, instabilidade dos taludes e erosão.

Segregação de resíduos: O processo pelo qual os resíduos são separados em resíduos secos e húmidos ou em resíduos orgânicos e inorgânicos.

Resíduos inteligentes: Formas de minimizar os resíduos, transformando-os em produtos.

Resíduos sólidos: Qualquer matéria sólida que é descartada por já não ter utilidade económica. É constituída por matéria orgânica e inorgânica numa grande variedade de formas.

Recolha de resíduos: A recolha de resíduos sólidos desde o ponto de produção (residencial, industrial, comercial e institucional) até ao ponto de tratamento ou eliminação.

Ciclo dos resíduos: Uma visão global da quantidade de resíduos gerados e dos seus custos financeiros e ambientais. A abordagem do ciclo de vida dá uma imagem completa dos resíduos e da energia associados a um produto.

Continuum de gestão de resíduos: O continuum tem dois eixos, um é a escala horizontal das partes interessadas, que vai desde os municípios e governos locais até à comunidade, e o outro é a escala vertical da tecnologia, que vai desde os sistemas de eliminação de alta tecnologia/alta energia até aos sistemas de baixa tecnologia e baixa energia.

Hierarquia da gestão de resíduos: A hierarquia da gestão de resíduos indica uma ordem de preferência para as acções de redução e gestão de resíduos e é geralmente apresentada sob a forma de uma pirâmide.

Gestão de resíduos: Envolve planeamento, organização, administração, aspectos financeiros, jurídicos e de engenharia, envolvendo coordenação interdisciplinar.

Minimização de resíduos: Processo de eliminação que envolve a redução da quantidade de resíduos produzidos na sociedade e ajuda a eliminar a geração de resíduos nocivos e persistentes, apoiando os esforços para promover uma sociedade mais sustentável.

Prevenção de resíduos: A prevenção de resíduos, também designada por "redução na fonte", procura evitar a produção de resíduos e ajuda a reduzir os custos de manuseamento, tratamento e eliminação e, em última análise, reduz a produção de metano.

Índice

A

B

Printed by Books on Demand GmbH, Norderstedt / Germany